农作物栽培与配方施肥技术研究

魏然杰　古宁宁　余复海 ◎著

吉林科学技术出版社

图书在版编目（CIP）数据

农作物栽培与配方施肥技术研究 / 魏然杰，古宁宁，余复海著. -- 长春 ： 吉林科学技术出版社，2022.9

ISBN 978-7-5578-9672-0

Ⅰ．①农… Ⅱ．①魏… ②古… ③余… Ⅲ．①作物－栽培技术－研究②作物－施肥－配方－研究 Ⅳ．①S31 ②S147.2

中国版本图书馆 CIP 数据核字 (2022) 第 178446 号

农作物栽培与配方施肥技术研究

NONGZUOWU ZAIPEI YU PEIFANG SHIFEI JISHU YANJIU

作　　者	魏然杰　古宁宁　余复海
出 版 人	宛　霞
责任编辑	王凌宇
幅面尺寸	185 mm×260mm
开　　本	16
字　　数	265千字
印　　张	11.75
版　　次	2023 年 5 月第 1 版
印　　次	2023 年 5 月第 1 次印刷

出　　版　吉林科学技术出版社

发　　行　吉林科学技术出版社

地　　址　长春市净月区福祉大路 5788 号

邮　　编　130118

发行部电话/传真　0431-81629529　81629530　81629531
　　　　　　　　　　81629532　81629533　81629534

储运部电话　0431-86059116

编辑部电话　0431-81629518

印　　刷　北京四海锦诚印刷技术有限公司

书　　号　ISBN 978-7-5578-9672-0

定　　价　70.00 元

前言

农作物栽培是人类最早进行的、有目的地生产目标产品的农业活动，至今仍然是人类最重要的农业活动。肥料是作物的"粮食"，施肥是最普通的、最直接的农业增产措施，可使农作物达到高产、优质、高效的栽培目的。农作物养分不平衡不仅会导致多种病害的发生，而且影响农产品质量安全，但不合理地施肥会造成肥料的大量浪费、生态破坏与环境污染，因此需要更加科学、合理的农作物生产技术。

本书主要研究的是农作物栽培与配方施肥技术，首先，从农作物生态需求与适应原理、生态因子的变化与作用规律、农作物栽培措施的作用原理入手，介绍了农作物产量与品质的形成、粮油作物种植模式、农作物种植模式、种养结合模式等；其次，剖析了水稻栽培技术、油菜栽培技术、玉米栽培技术、马铃薯栽培技术、棉花栽培技术与豆类栽培技术等；再次，重点探究了农作物生产的常用肥料、新型肥料、肥料组合，以及农作物配方施肥的可持续原则、协调营养平衡原则、增加产量与改善品质统一原则、提高肥料利用率原则、减少生态环境污染原则等，并且解读了农作物配方施肥养分平衡法、营养诊断法；最后，阐述了农作物施药前的准备工作、农药的施用方法、农药剂型与施药技术、农药的作用方式与施药技术、背负式手动喷雾器的施药技术、安全合理施药技术、农药废弃物的安全处理等。科学的栽培、施肥不仅能合理供给农作物所需要的养分，满足农作物生长发育的需要，还能弥补农作物从土壤中带走的养分，平衡土壤养分的投入和支出，维持土壤的持续肥力，保障作物的高产稳产，促进农业增效。

本书在策划和编写过程中参考和借鉴了众多前辈的研究成果，在此表示衷心的感谢。因时间紧迫以及本人水平有限，对农作物栽培与配方施肥技术的一些相关问题研究不透彻，书中难免有疏漏之处，恳请各位专家、同行和广大读者多加批评和指正，以便我们进行修订和完善。

目录

第一章 农作物栽培的生态原理

第一节 农作物生态需求与适应原理

一、作物生态需求原理

（一）作物生态需求的三个基本点

作物在生长发育和产量形成过程中，对生态因子的需求量有最小、最适和最大三个基本点。如果某一生态因子存在量不能满足最小需求量，作物的生长停滞、发育受阻，不能形成产量，这是作物对生态因子需求的最小量。在最小需求量以上，随着该生态因子存在量的增加，作物生长发育正常，产量增加。作物生长发育最好，或产量最高，或品质最优时对生态因子的需求量，就是最适需求量。在最适量以上，继续增加该生态因子的存在量，作物的生长速度又减慢，发育又逐渐受到阻碍，产量或品质又逐渐降低。当某生态因子量增大到作物生长发育开始受到损害时的量称为最大需求量。

不同种作物、同种作物的不同生育时期对不同生态因子需求的三个基本点不同；作物营养生长与生殖生长、地上器官与地下器官对不同生态因子需求的三个基本点也不同。在栽培上，根据作物生态需求的三个基本点，采取措施为作物生长发育创造适宜的生长环境，避免或防止某生态因子存在量过多、过少的不利影响，这些措施包括适期播种、合理密植、合理施肥、合理灌溉等。

（二）作物生态需求的阶段性

根据作物器官的分化发育特点，作物一生可以分为营养生长阶段、营养生长和生殖生长并进阶段、生殖生长阶段。作物在这三个阶段，对生态因子需求在质上和量上都是不同的。比如，许多作物在营养生长阶段对温度的要求较低，而生殖生长阶段对温度的要求较高；作物在营养生长阶段需 N 素较多，而在生殖生长阶段需 N 相对较少，需 P、K 相对较多；在作物营养生长阶段，某生态因子存在量的暂时过多过少，对作物产量影响不是很大，但在生殖生长阶段，该生态因子存在量的暂时过多过少，对作物产量影响却很大。通常，在作物营养生长和生殖生长并进阶段，由于分化发育的器官多，作物生长十分旺盛，对养分、水分等生态因子的需求量最大。

从栽培管理的角度，禾谷类作物一生要经历幼苗阶段、器官建成阶段和籽粒形成阶段。幼苗生长阶段主要长根、长叶和分蘖，器官建成阶段主要长茎、长叶、分化结实器官，籽粒形成阶段主要是灌浆结实。由于不同生长阶段生长发育的主要器官不同，各器官的形成对不同生态因子的要求不同，因此，作物在不同生长阶段对生态因子需求的种类和数量也是不同的。

二、作物生态适应原理

（一）作物生态适应性概述

1. 作物生态适应性的概念

作物生态适应性可以从两个方面来理解：一方面，作物生态适应性是指作物在不同生态环境条件下，通过自我调节结构与功能以适应环境变化的能力。根据这种适应能力的大小，可把作物生态适应性分成强、中、弱和不适应四类。这是作物对生态环境的主动适应性。另一方面，作物生态适应性是指作物在生长发育过程中，对生态因子的需求规律与环境中生态因子变化规律相吻合的程度。根据吻合程度的高低，可把作物与生态环境的适应关系分为最适宜、适宜、较适宜和不适宜四类。这是作物对生态环境的被动适应性。

2. 作物生态适应性的类型

根据作物对生态因子多少的适应情况，可分为寡因子适应性和多因子适应性。对多因子适应性强的作物，其分布范围广，如：小麦、玉米；对寡因子适应性强的作物，分布范围窄，如：甜菜、甘蔗。

根据作物对生态因子的顺从关系，可把作物适应性分为顺应型、抗逆型和中间型。顺应型是指作物生长发育规律能顺应生态环境的变化，不须改变结构与功能，就能有效地利用生态因子。抗逆型是指作物生长发育规律与环境变化不相协调时，作物就在结构上或功能上产生形态、生理、遗传或生态需求上的变化，以适应环境，这是作物主动适应环境的表现。中间型兼有顺应型和抗逆型的特点，既可顺应地利用生态因子，又可产生一些结构或功能上的变化以适应环境。

3. 作物生态适应性的特点

作物生态适应性的特点表现在以下几个方面：①同种作物对不同因子的适应范围不同，不同种作物对同一生态因子的适应量也不同。②同种作物在不同生育阶段的生态适应性不同。一般苗期的适应性较宽，开花期（禾谷类还包括孕穗期）的适应性较窄。③对主要生态因子适应量幅宽的作物，分布范围较广。④在人工影响和选择下，可扩大作物的生态适应范围。⑤同种作物的不同种群，长期在不同生态环境下，会产生对多种生态因子的差异性适应或趋异适应。

（二）生态位——作物对生态因子的综合适应

生态位是生物在完成正常生活周期时所表现的对环境的综合适应特性。用每一生态因子为一维（X_1），以生物对生态因子的综合适应性（Y）为指标所构成的多维超几何空间就是生态位。在作物栽培中，作物综合适应性常用产量指标来度量（见图1–1）。图1–1表明夏玉米产量随N、P二因素变化而变化的情况，若是多种因素同时变化，情况将非常复杂。作物产量既是多种生态因子对作物综合作用的结果，也是作物对多种生态因子综合适应的结果。

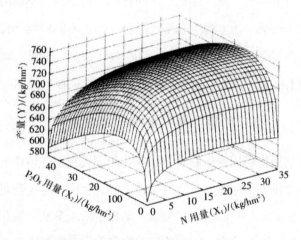

图1-1 夏玉米产量的N、P适应性

根据作物生态适应性特点，每种作物都有特定的生态位。例如，水稻、玉米、甘薯、花生等作物虽然生长在同一个生长季节，由于它们对不同生态因子的需求和适应性上的差异，因而具有各自的空间生态位、营养生态位、水分生态位、温度生态位等。正是利用作物的这些生态位原理，我们可以对作物进行合理布局、立体种植，对不同作物采取不同的肥水管理措施，为它们创造相应适宜的生态环境。

另外，不同作物还有不同的时间生态位。不同作物可以适应不同时间上生态因子的变化，以满足自己生长发育的需要。例如，小麦、油菜等小春作物和水稻、棉花等大春作物就适应不同时间的生态因子，表现出不同的时间生态位。根据作物时间生态位的原理，我们进行多熟种植和套作栽培等。

作物产量对生态因子的潜在综合适宜范围，称为"适宜生态位"，而实际拥有的生态位为"实际生态位"。作物高产的适宜生态位只在各种生态因子都完全满足或均处于最佳状态的条件下表现出来。在作物栽培上，采取一切措施满足作物生长发育和产量形成对各种生态因子的需求，发挥作物或品种的产量潜力，就是要变作物的实际生态位为适宜生态位。

（三）生态型——同种作物对不同环境的趋异适应

作物生态型是指同种作物长期生长在不同生态条件下，使不同种群发生了在形态、生理、遗传和生态需求上稳定的变异类型。这是同种作物长期在不同生态条件下趋异适应的结果。

根据形成作物生态型的主导因子，可将作物生态型分为气候生态型、土壤生态型和生物生态型三类：①气候生态型。同种作物的不同种群，长期适应不同的光周期、气温和降水等气候条件形成的生态型。②土壤生态型。同种作物的不同种群，长期在不同的水分、盐分、肥力等土壤条件下形成的不同生态型。③生物生态型。同种作物的不同种群，长期在不同种或生理小种生物的干扰下，通过自然选择和人工选择形成不同生态型。

（四）生活型——异种作物对相似环境的趋同适应

在生态学上，生活型指不同种生物长期生存在相同或相似环境中发生趋同适应，经自然选择，在形态、生理和生态特性上类似的物种类群。生活型是生物对综合坏境条件的长期适应而在外貌和生理生态上相似的生物类型。动物生活型多从外貌相似性划分，分为水生动物、两栖动物、陆生地面动物、陆生地下动物和飞行动物等生活型。植物生活型多从度过恶劣环境时生长芽的位置高低和保护方式来划分，一般分成高位芽植物、地上芽植物、地面芽植物、地下芽植物和一年生植物五大类。

在作物栽培生态中，根据不同作物对环境和栽培措施要求的相似性，可从不同角度划分作物的生活型。①一年生型与多年生型。一年生型作物指只能在一年内的良好季节中生长，以种子度过不良季节的恶劣气候的作物类型。水稻、小麦、玉米、棉花、大豆等大田作物多是一年生型，需要年年播种和收获。多年生型作物是以休眠芽度过不良环境，寿命超过两年的作物，苹果、梨、柑橘等果树是多年生作物，这些作物一次播栽，可以年年收获，连续30年以上。一些根及根茎类中药材作物，播种后要在一定年限内才到采收标准，也是多年生作物。②秋播夏收型与春播秋收型。秋播夏收型作物以种子度过伏天的高温环境，小麦、大麦、油菜等喜凉作物多属这种类型。春播秋收型作物以种子度过冬天的严酷低温环境，水稻、玉米、棉花、大豆等喜温作物多属这种类型。③实生型与再生型。实生型是由种子发芽出苗长成的植株类型。这类作物如棉花、小麦、玉米、油菜等，在栽培上需要精细播种或苗床管理，这个环节的栽培措施影响苗齐苗壮，从而影响作物高产。再生型是从基部茎节芽再生长成的植株类型。如：再生稻、再生烟（秋烟）、宿根甘蔗等，蕹菜、菊苣等一年收割两次以上的作物也属这种类型。再生型作物生长速度快，追肥管理等措施要早于相应实生型作物。

第二节 生态因子的变化与作用规律

一、生态因子的变化规律

（一）生态因子的类型

作物的生态因子是指在作物周围环境中直接或间接影响作物生长发育和产量形成的各种生态条件。根据生态因子的性质，通常把它们分为五类。

1. 气象因子

气象因子包括光照强弱、光照长度、日照时间、光谱成分、温度高低、温度变化、降水多少、降水分布、蒸发量、空气湿度、二氧化碳含量、风速等。

2. 土壤因子

土壤因子包括土壤结构、质地、有机质、土壤生物、地温、水分、土壤酸碱度等。

3. 地形因子

地形因子包括地表起伏、地貌状况、海拔高度等，如：山岳、高原、丘陵、平坝等，还包括山地坡向和坡度等。

4. 生物因子

生物因子包括间混套种的搭配作物、杂草、有益和有害的昆虫、鸟类、鼠类、病原微生物、固氮菌、土壤微生物及其他土壤动物。

5. 人为因子

人为因子指人们对资源利用、改造和破坏过程中的产物和技术。这些产物对作物有些是有利的，有些是有害的。有利的如兴修水利、改良土壤、建设梯田、植树造林等；有害的如大气污染、水体污染、土壤污染等。作物栽培技术是人为因子，也是生态因子，它们对作物产生直接和间接的作用。

在这些生态因子中，又可分为必需因子和非必需因子。凡能参与作物生命活动的因子为必需因子，这些因子有日光、热量（温度）、水分、养分和空气。它们又叫生活因子或直接因子。任何一个必需因子的缺少都将导致作物死亡。必需因子以外的生态因子为非必需因子，非必需因子一般通过影响必需因子而间接影响作物，这些因子有地形、坡向、海拔高度、土壤有机质、土壤质地、土壤结构等，它们又称非生活因子或间接因子。生物因子也是非必需因子，但它们既可通过影响生活因子来间接影响作物（如：杂草、蚯蚓等），也可直接影响作物（如：害虫、病菌等）。

（二）生态因子的水平变化

生态因子的水平变化包括纬度地带性变化、经度地带性变化和沉积地带性变化。

1. 纬度地带性变化

我国从南到北，纬度从低到高，热量和降水量从多到少；日长夏半年从短到长，冬半年从长到短，呈现有规律的变化。在我国东部和东南沿海地区，从南到北土壤类型变化依次为砖红壤→红壤→黄红壤→黄壤→黄褐土→黄棕壤→褐土→棕壤→灰棕壤。

2. 经度地带性变化

我国气象因子经度地带性变化的总趋势是：从东到西，随着远离沿海，大陆性气候增强，降水量逐渐减少，昼夜温差逐渐增加，气候类型变化依次是湿润→半湿润→半干旱→干旱气候。

3. 沉积地带性变化

主要表现在从河流边沿到远河区，由于受泥沙沉积特点的影响，土壤类型变化依次为沙土→沙壤土→壤土→黏壤土→黏土等。土壤肥力也就随之发生相应的变化。

（三）生态因子的垂直变化

生态因子的垂直变化表现在随海拔高度的梯度性变化、作物群体内部梯度性变化、土壤深度和水体深度的梯度性变化。

1. 海拔梯度性变化

生态因子的海拔梯度性变化主要反映出不同海拔高度具有不同的气候类型。一般海拔高度增加 100m，气温降低 0.5℃ ~ 0.6℃。土壤因子也随海拔高度的变化而呈梯度变化。

2. 作物群体内的梯度性变化

生态因子在作物群体内的梯度性变化比较复杂。在禾本科作物群体中，光强从上到下逐渐减弱；在阔叶型群体中，光强在作物群体上层就迅速减弱，到中层就很弱了。群体中的 CO_2 白天由于光合作用消耗，群体上部和中部的 CO_2 浓度较小，下部稍大一些。作物群体内的风速，从上到下迅速减弱，空气湿度逐渐增强。

3. 土壤和水体中的梯度性变化

在土壤中，从土表层到 40cm 左右深度，夏季温度逐层降低，冬季土温逐层升高；土壤空气中的氧含量逐层降低。在水体中，夏季温度和溶氧量的变化与土壤相似，水体深度增加，水温逐渐降低，溶氧量大大减少。

（四）生态因子的时间变化

生态因子的时间变化，主要表现出气象因子的时间变化，从而引起土壤等因子的周期性变化。首先，太阳辐射的日变化和季节性变化，引起温度的日变化和季节性变化。在一天中，气温最低值出现在日出前，最高值出现在 13：00 ~ 14：00；在一年中，最低值出现在 1 月，最高值出现在 7 月。土温变化比气温变化略滞后，一日中最低值出现在日出时，最高值出现在 14:00；一年中最低值出现在 1—2 月，最高值出现在 7—8 月。作物群体内的 CO^2 浓度是正午低，早晚高；夏季低，冬季高。其次，日照长度也呈现季节性变化。一年中，北半球日照长度从冬至到夏至逐渐变长，从夏至到冬至逐渐变短。降水量一年中夏秋多，冬春少。此外，空气湿度、风的频率、土壤肥力等也表现出周期性的时间变化。

二、生态因子的作用规律

（一）生态因子的综合作用

作物生长发育需要众多生态因子，这些生态因子之间又存在着错综复杂的联系。因此，作物的某种生长状况，常常是多种生态因子综合作用的结果。比如，引起小麦倒伏的生态因子可能有光、肥、病害、风、雨等。密度过大，光照不足，导致茎秆纤细而使之倒伏；氮肥过多，钾肥过少，使植株旺长，叶片过大，茎秆细弱、机械组织不发达，引起倒伏；植株严重感染纹枯病，使叶鞘和茎秆的抗倒力降低而引起倒伏；大风大雨引起倒伏。通常，小麦的倒伏是多种生态因子作用的结果。

（二）必需因子的同等重要性和不可代替性

作物生长发育过程中所需的光、热、水、营养和空气这五种必需因子，尽管它们各自所起的作用有大小和强弱之分，但其重要性是相同的，缺少其中一个因子，就会引起作物生长发育受阻，甚至死亡。而且，一种必需因子的缺乏，不能用其他因子来代替。这就是作物必需因子的同等重要性和不可代替性。

例如，N、P、K 营养是各种作物所必需的，作物还需要 B、Mn、Zn 等微量元素，虽然作物对微量元素的需要量比 N、P、K 少得多，若缺少时也会严重影响作物的正常生长发育。如：油菜需要的 B 比 N、P、K 少得多，但缺 B 使油菜结实不良，严重影响生长发育和产量。因此，对油菜而言，需要少量的 B 和需要大量的 N、P、K 是同等重要的。缺 B 时，施再多的 N、P、K 也是无济于事的，因为 N、P、K 不能代替 B 的作用。

（三）限制因子原理

如果把作物生产比作一个木桶，作物生长状况或产量犹如这个木桶的盛水量，各种必需因子就是构成木桶的木块，由于各种必需因子存在量的差异，这个木桶的木块也就长短不齐，作物生长状况或产量，就取决于最短的那个木块，也就是取决于相对最缺乏的那个必需因子。这个最短的"木块"或相对最缺乏的必需因子就是"限制因子"。如果改变这个限制因子，就会促进作物生长发育，明显提高作物产量。因此，作物栽培的重要任务就是要寻找并解决限制因子。

不过，限制因子是可以变化的，某时某刻 A 因子是限制因子，随着 A 因子量的变化，使原来相对不缺乏或第二缺乏的 B 因子有可能成为新的限制因子（见图 1-2）。因此，限制因子是在不断克服、不断改变的，要用发展的观点对待限制因子。限制因子是针对一定作物、品种和不同生长发育时期而言的。对某种作物、某个品种或某个生育期是限制因子，对另一种作物、另一个品种或另一个生育期可能不是限制因子。

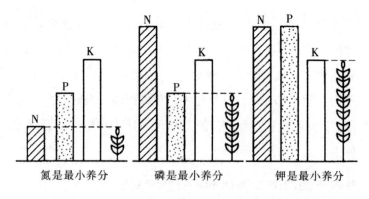

图 1-2　限制因子的变化

值得注意的是，限制因子是针对一定作物、品种和不同生长发育时期而言的。对某种作物、某个品种或某个生育期是限制因子，对另一种作物、另一个品种或另一个生育期可能不是限制因子。例如，田间水分过多可能是小麦生长的限制因子，但不一定是水稻生长的限制因子；某块田一定程度的缺肥，肥料对矮秆耐肥性强的品种而言是限制因子，但对高秆耐肥力弱的品种而言又不是限制因子；对冬性小麦品种而言，春化阶段温度高，不能进行春化作用，影响幼穗分化，此时高温是限制因子，而开花期温度低，影响受精结实，此时低温又成了限制因子。

（四）生态因子的互作效应

作物生长发育由于受多种生态因子的作用，这些生态因子之间的相互联系和相互影响，使因子之间的效应可能产生相互促进、相互抵消或互不相干三种情况。

虽然必需因子的作用具有不可代替性，但在一定范围内，由于因子之间的相互作用，某一因子自身存在量的不足，可以由另一些因子的加强而得到调节，这种作用称为因子之间的补偿作用。例如，当光照强度减弱时，增加 CO_2 浓度可以补偿光强的不足来维持光合作用的速率。但因子之间的补偿作用并不是经常或普遍存在的，而且有一定的限度。

第三节 农作物栽培措施的作用原理

一、栽培措施对作物的直接作用

栽培措施对作物生长发育的直接作用，首先表现在人们因地制宜地种植作物及其品种，其次表现在人们用强制性的措施直接抑制或促进作物的生长发育。

（一）合理布局作物和品种

根据各种作物、生态型和品种的生态需求特点、生态适应特点以及生态因子的变化规律，合理布局和安排作物、生态型和品种，尽量把作物和品种安排在与之适宜的地区，既能发挥作物及其品种的最大产量潜力，又能使各种生态资源得到充分而高效的利用。例如，喜凉作物主要在温度较低的地区或季节栽培，而喜温作物主要在温度较高的地区或季节栽培；对低温长日敏感的生态型宜栽培在低温长日地区或季节，对高温短日敏感的生态型宜种植在高温短日地区或季节；矮秆需肥水平高的品种宜在土壤肥力和施肥水平高的地区或田块种植，而高秆耐瘠薄能力强的品种宜在土壤肥力和施肥水平低的地区或田块栽培；对某种病害易感的品种，不宜在该病常发区栽培等。

（二）直接调控作物的生长发育

栽培措施直接调控作物的生长发育，一般是在作物某时的生长发育状况不符合人们的要求或使其向人们需要的方向发展所采取的强制性、见效快的措施。

在棉花栽培上，打叶枝、顶尖、旁尖、赘芽，以及烟草栽培中打顶抹杈等措施，可减少有机养分的损失，改变作物的生长发育状况，调整体内养分运输和供应方向。在小麦栽培中，对徒长苗进行中耕伤根、镇压、割叶等措施，直接减少植株对养分和水分的吸收，控制植株的生长状态。玉米部分人工去雄，有利于降低株高，减少养分消耗，增加粒数和粒重。甘薯摘心提蔓，可抑制茎叶徒长。这些都是直接控制作物生长的栽培措施。

另外，在作物栽培中，人们喷施一些激素，以改变植株体内的激素状态，促使植株向人们需要的长势长相发展。例如，在杂交水稻制种中施用赤霉素，促使植株穗下节间伸长，以利于传花授粉；在作物上使用矮壮素或多效唑，控制茎秆伸长，以防止倒伏；施用乙烯利，促使早熟；施用穗萌抑制剂，防止稻麦籽粒穗上发芽。

二、栽培措施对作物的间接作用

栽培措施对作物的间接作用，是通过对影响作物的生态因子进行改变，而使作物向正常生长发育和高产优质的方向发展。栽培措施常常从以下几个方面改变生态因子：

（一）直接改善作物生活因子

在作物栽培上，许多措施都是为改善作物的生活因子或必需因子而进行的。合理密植、适宜的播种方式，有利于直接改善作物群体中下层的光照条件；合理施肥，N、P、K配合施，有机肥和无机肥配合施，补施微量元素等措施，有利于直接改善土壤养分条件；喷灌、淹灌、浇灌、浸灌、滴灌等灌水措施，可直接改变土壤的水分和空气条件。

（二）间接改善作物的生活因子

在作物栽培上，有些措施是通过对非必需生态因子的改变而改善必需因子或生活因子的。例如，整地、中耕、压土，通过改善土壤结构状况来改变土壤温度、土壤空气和土壤水分；垄作栽培可改变土壤水分状况、通气状况，提高土壤昼夜温差；水稻半旱式栽培可提高土温、增加土壤空气、改善土壤氧化还原状况、增加土壤好气性微生物、提高土壤有效养分；水稻栽培中的"晒田"，通过水分控制来改变土壤温度、土壤空气和土壤养分供应状况；地膜栽培可减少土壤热量损失和水分蒸发，保持土壤温度和湿度。

（三）改变抑制作物生长发育的生态因子

在农田生态系统中，许多生物因子对作物的生长发育有抑制的不利影响。不少栽培措施就是为减少这些不利影响而进行的。在间套种植中，通过合理的行比、带距以及适宜的套种移栽时间，来减少作物之间相互遮光及竞争的不利影响。在作物栽培中，通过人工除草、施用除草剂等措施来减少杂草对作物的不利影响；通过栽培抗病、抗虫品种，合理安排播种期，使作物敏感期避开病虫盛发期，消除病虫害发生的环境条件；使用生物防治、物理防治和化学农药防治等措施，控制病虫害的发生发展，有利于作物生长发育和提高作物产量与品质。

三、边际效益原理

（一）边际效益的概念

在作物生产中，人们通过投入劳力、肥料、水分等措施来提高作物产出。这种投入与产出关系的数量变化，称作"边际效益"。"边际"一词的意思就是当投入量（X）发生小变动时，产出量（Y）的变化率，也就是产出增量（ΔY）与投入增量（ΔX）之比。即：

$$边际效益 = \Delta Y / \Delta X \quad （1-1）$$

（二）总产量、平均增产量和边际产量

在作物施肥中，人们关心的常常是总产量、平均增产量和边际产量。总产量就是增施肥料后作物的实际产量，平均增产量就是增施肥料后增加的产量与增施肥料用量的比，边际产量就是增加单位施肥量后产量的变化量。

表1-1 作物总产量、平均增产量与边际产量

变动资源投入量 X	总产量 Y	平均增产量 $A = \Delta Y / \Delta X$	边际产量 $M = \Delta Y / \Delta X$
0	2	—	—
1	8	8.0	6
2	24	12.0	16
3	34	11.3	10
4	40	10.0	6
5	42	8.4	2
6	41	6.8	−1
7	40	5.7	−1

（三）栽培措施的边际报酬

在作物栽培上，肥料等变动资源投入对作物产量的作用，可以分为三个阶段（见表1-1）：第一阶段是从开始投入到平均增产量最高点（X从0到2），边际产量随着投入量的增加而增高，属于边际报酬递增阶段；第二阶段是从平均增产量最高点到总产量最高点（X从2到5），边际产量随着投入量的增加而下降，但大于零，属于边际报酬递减阶段；第三阶段是总产量最高点以后的阶段（$X=6$以后），边际产量随着投入量的增加而呈现负数，使总产量降低，属于边际报酬小于零的阶段。

在栽培上，根据边际效益的变化规律，要确定合理的施肥量、灌水量等农业资源的投入。不过，从资源利用效率来讲，不仅要考虑肥料等变动资源的利用效率，还要考虑土地等固定资源的利用效率。因此，作物生产投入合理的阶段必须是变动资源与固定资源的配合数量达到合理的比例。在第一阶段中，固定资源配合的数量相对较多，变动资源的配合量相对较少，只要增加变动资源的投入量，土地生产力就会不断提高。因此，如果要使变动资源的报酬最大，变动资源的投入量至少应达到第一阶段的终点或第二阶段的始点；如果要使固定资源的报酬最大，变动资源的投入应达到第二阶段的终点。在第三阶段中，变动资源的投入量过多，超过了同固定资源配合的合理比例，超过了作物的最大需求量，对作物生长产生了不利影响，从而使总产量下降。因此，在第三阶段要减少变动资源的投入。

第二章 农作物产量与品质形成

第一节 农作物产量的形成

一、农作物产量的类型

作物栽培的目的是获得较多的有经济价值的农产品,单位面积土地生产农作物产品的数量即为作物产量。通常把作物的产量分为生物产量和经济产量。

(一)生物产量

作物利用太阳光能,通过光合作用,同化二氧化碳、水和无机物质,进行物质和能量的转化和积累,形成各种各样的有机物质。作物在整个生育期间生产和积累有机物的总量,即整个植株(一般不包括根系)的干物质称为生物产量。组成作物体的全部干物质中,有机物质占总干物质的 90% ~ 95%,其余为矿物质。因此,光合作用形成的有机物质的积累是农作物产量形成的主要物质基础。

(二)经济产量

经济产量是指单位面积上所获得的有经济价值的主产品数量,也就是生产上所说的产量。由于人们栽培目的所需要的主产品不同,不同作物所提供的产品器官也各不相同。同一作物因利用目的不同,产量概念也随之变化,如:纤维用亚麻,产量是指麻皮;油用亚麻,产量是指种子。玉米作为粮食作物时,产量指籽粒;作为饲料作物时,产量包括叶、茎、果穗等全部有机物质。

(三)经济系数(或收获指数)

一般情况下,作物的经济产量仅是生物产量的一部分。在一定的生物产量中,获得经济产量的多少,要看生物产量转化为经济产量的效率,这种转化效率称为经济系数或收获指数,即经济产量与生物产量的比率。在正常情况下,经济产量的高低与生物产量成正比,尤其是以收获茎叶为目的的作物。收获指数是综合反映作物品种特性和栽培技术水平的指标。

不同类型作物经济系数差异较大，这与作物所收获的产品器官及其化学成分有关。一般以营养器官为主产品的作物（如：薯类、烟草等），形成主产品过程简单，经济系数高。以生殖器官为主产品的作物（如：禾谷类、豆类、油菜等），经济系数低。同样是收获种子的作物，主产品化学成分不同，经济系数也不同。以碳水化合物为主的产品，形成过程中消耗能量较少，经济系数较高，而以蛋白质和脂肪为主的产品，形成过程中消耗能量较多，经济系数较低。

二、农作物产量构成因素及其形成

在农业生产实践中，作物产量是按照单位土地面积上有经济价值的产品数量来计算的，常用的方法有：水稻产量＝穗数 × 单穗颖花数 × 结实率 × 粒重。这种方法由于通过作物生育状况来解析产量的构成，且测定方法简单，在作物栽培和育种研究上仍然采用。

（一）产量构成因素

作物产量是指单位土地面积上的作物群体的产量。作物产量可以分解为几个构成因素，并依作物种类而异。田间测产时，只要测得各构成因素的平均值，便可计算出理论产量。

（二）产量构成因素的形成特点

作物的产量构成因素是在作物整个生长发育期内随着生育进程依次重叠而成的。不同作物由于收获的产品器官不同而具有不同的产量形成特点，可归纳为两个类型。

1. 以收获营养器官为目的的作物

麻类作物、烟草、饲料作物，收获产品是茎、叶，主要在营养生长期收获。栽培管理技术相对简单，不须协调营养生长与生殖生长的矛盾。特别是绿肥饲料作物，以争取最大生物产量为目标。烟草、麻类作物在生育前、中期，采用合理密度、水肥管理等各项栽培措施，以使营养器官迅速而均匀地生长为主，同时须考虑品质形成。

薯类作物以地下部肥大的薯块作为主要收获物。薯块的形成与膨大主要依靠茎的髓部和根的中柱部分形成层活动产生大量薄壁细胞，随着薄壁细胞体积增大和细胞中积贮营养物质，根、茎体积随之膨大增粗，薯块形成的迟早、数量多少、形成后膨大持续期长短与速度等，决定着薯块产量的形成过程及最终产量。在产量形成过程中，需要经过比较明显的光合器官的形成、贮藏器官的分化和膨大等时期，要求前期应有较大的光合同化系统，才能有适宜的贮藏器官分化及有利贮藏器官膨大的基础，最终获得理想产量。

2. 以收获种子为目的的作物

（1）禾谷类作物

这类作物产量构成因素须经历完整的生育期，各产量构成因素在生育进程中又依次重叠完成。产量构成因素按穗数、每穗实粒数和粒重顺序完成，而穗数形成和粒数形成又是重叠进行的。穗数形成从播种开始，分蘖期是决定阶段，拔节、孕穗期是巩固阶段。每穗实粒数取决于分化小花数、退化小花数、可孕小花数的受精率及结实率四个因素。每穗实粒数的形成开始于分蘖期，取决于幼穗分化期至抽穗期以及扬花、受精结实过程的形成。粒重取决于籽粒容积以及充实度，主要决定时期是受精结实、果实发育成熟时期。

（2）双子叶作物

一般而言，单位面积的果数（如：棉花铃数，油菜角果数，花生、大豆的荚数）取决于密度和单株成果数。因此，产量构成因素自播种出苗（或育苗移栽）就已开始形成，中、后期开花受精过程是决定阶段，果实发育期是巩固阶段。每果种子数开始于花芽分化，取决于果实发育。粒重（衣分、油分）取决于果实种子发育时期。这类作物在产量因素的形成过程中常是分化的花芽数多，结果少，或分化的胚珠数多，结籽少，或籽粒充实度不够，饱粒少，千粒重低。其中大豆、棉花、花生是一种类型，它们的花果在植株上下各部都有（花生主要在下部），都是边开花结果，边进行营养器官生长，营养生长与生殖生长的矛盾比较突出，易发生蕾花果的脱落（花生则是能否入土和发育饱满的问题），结果数是影响产量的主要因素。另一类作物如向日葵、红花、油菜、芝麻、亚麻等，它们的果实着生在植株顶部或上部，在营养生长基本结束或结束之后（芝麻还有小部分营养生长）才开花结实，先开的花较易结实，后开的花常因环境已不适或植株衰老而不能结实，先结的果实中结籽率高低常成为影响产量的主要因素。

（三）产量因素间的相互关系

1. 产量因素的相互制约

各产量构成因素的数值愈大，产量则愈高。但生产实践上这些因素的数值很难同步增长，在一定的栽培条件下，它们之间有一定的相互制约的关系（如图 2-1 所示）。

产量构成因素之间的相互制约关系，主要是由于光合产物的分配和竞争而引起的。由于作物的群体是由个体组成，当单位面积上密度增加后，各个体所占的营养面积及空间就相应减少，个体的生物产量就有所削弱，因此表现出每穗粒数（或荚数）等器官的生长发育也受到制约。如：单位面积上穗数（株数）的增加能弥补并超过每穗粒数（每株荚数）

减少的损失，仍可表现增产；反之为减产。不同作物在不同地区和栽培条件下，有其获得高产的产量因素最佳组合。

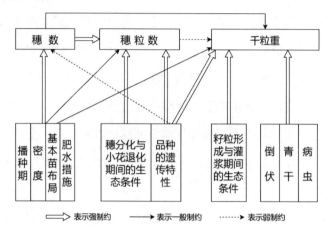

图 2-1   禾谷类作物产量结构之间的制约关系及其主要影响因素

2.产量因素的相互补偿

作物具有自动调节和补偿功能，这种功能是指后期形成的产量构成因素可在一定程度上自动补偿前期所形成的产量因素。这种补偿能力在生育的中、后期陆续表现出来，并随着发育进程的进一步发展而降低。作物种类不同，补偿能力也有差异。主茎型作物（如：玉米、高粱、单秆型芝麻等）补偿作用较弱，而分蘖型或分枝型作物（如：水稻、棉花）补偿能力较强。

水稻、小麦等基本苗不足或播种密度低，可通过发生分蘖以形成较多穗数来补偿；穗数不足，可通过每穗粒数和粒重的增加补偿。生长前期补偿作用往往大于生长后期。补偿程度取决于种或品种及生长条件。一般分蘖习性能调节和维持田间一定的群体和穗数；每穗籽粒数可以调节和补偿穗数的不足；每穗粒数减少，粒重也会有所增加。

三、作物产量形成的生理基础

作物的干物质中，有机物占90% ~ 95%，这些有机物质是光合作用的产物。在栽培中，供给矿质养分的目的是促进光合作用的正常进行和有机物质的积累。最后，这些矿物质也大部分结合到有机物质并转移到产品器官中，因此，作物的光合生产能力与转移能力、产品器官的接受能力影响着作物产量的高低。

（一）作物产量物质的来源

作物产量的形成是作物整个生育期内利用光合器官将太阳能转化为化学能，将无机物转化为有机物，最后转化为具有经济价值即收获产品的过程，因此，光合作用是产量形成的生理基础。光合作用与生物产量、经济产量的关系式如下：

生物产量＝光合面积＝光合强度 × 光合时间 - 消耗（呼吸、脱落等） （2-1）

经济产量＝生物产量＝经济系数 （2-2）

可以发现，利用适宜的光合面积、提高光合强度、有效地延长光合时间并减少一定的消耗、提高经济系数等均可提高产量。

1. 光合面积与产量

光合面积是指作物上所有的绿色面积，包括具有叶绿体、能进行光合作用的各部位（禾谷类包括幼嫩的茎、叶片、叶鞘、颖片，豆科作物包括幼嫩的茎、叶、枝、豆荚，棉花的叶、嫩茎、苞叶、花瓣、蕾和幼铃等），但主要的还是叶面积，它与产量关系十分密切，也是最易控制的一个因素。

在适宜条件下，叶面积较大，制造的同化产物也较多。群体叶面积通常用叶面积指数来表达，作物群体叶面积指数的增长一般呈抛物线状，作物一生中叶面积指数随植株生长而逐步增大，在生长中期达到最大值，以后又逐渐减少。

在一定范围内，随着叶面积指数的增加，作物的光合作用产物和产量也随之相应增加，但超过一定范围后，由于下层叶片被遮阴，光合作用的效率降低，群体的光合生产率不能进一步增长。所以，各种作物都有其最适的或临界的叶面积指数，其最适点处于干物质增重速率开始停滞或下降的时候。在最适叶面积指数的基础上，作物生长发育过程中，叶面积指数随生长过程而变化的动态也会对作物光合作用产物的积累产生较大的影响。除此之外，叶层结构对群体的光合效率或产量也有重要影响。在叶面积指数较大的情况下，叶面积指数相同，具有叶片较直立的叶层群体比叶片披垂的叶层群体的光合效率高；叶层垂直高度较大的群体也比叶层垂直高度较小的群体的光合效率高。

2. 光合强度与产量

光合强度也称光合速率，是指单位时间内单位叶面积吸收、同化二氧化碳的毫克数（单位：$mg/dm^2/h$）。不同作物的光合强度有一定差异，如：玉米为 $60mg/dm^2/h$ 左右，甘蔗为 $49mg/dm^2/h$ 左右，麦类、烟草为 $20mg/dm^2/h$ 左右。同一作物的不同品种之间也有差别，如：某些野生棉的光合强度明显高于栽培种，鸡脚棉型的棉花光合强度则明显高于普通品种。

不同作物光合强度与产量之间的关系也不同。一种情况是某些光合强度高的品种，产量也会高；另一种情况是品种的光合强度与产量没有明显的相关关系，有关研究表明，棉花、大麦、小麦等作物都发生过这种现象。

3. 光合时间与产量

作物的有效光合时间与作物的生育期长短、光照时数、太阳辐射强度及叶片有效功能期长短有密切关系。作物光合时间可用单位土地面积上作物群体每日的叶面积与日数的乘积（m.dm^2/h）来表示，称为"总光合势"或"叶面积持续时间"（LAD）。

在同一地区，一般选用生长期较长（较晚熟）的品种，采用早播、早栽、早管、促进早发等措施，充分利用生长期，其产量明显高于早熟品种。作物叶片有一定寿命，一定时间后，叶片光合强度下降，叶片变黄进入衰老期。防止和延缓叶片衰老，延长功能期，可明显增加光合产物的积累。大量研究表明，生育期较长的品种，其产量较之生育期较短的品种为高。这可能与其生育期间光合势较大有关。在一定范围内，光合势高的作物群体一般产量都会较高。

4. 光合产物的消耗与产量

作物在生命活动中要消耗能量，主要包括呼吸消耗、器官脱落和病虫危害等，其中以作物的呼吸消耗为主体。作物光合产物的消耗对光合产物的累积不利，在生产上应尽量减少消耗。呼吸作用约消耗光合产物的30%或更多，但同时又提供维持生命活动和生长所需要的能量及中间产物，因而，正常的呼吸作用是必要的。C3作物光呼吸的存在增加了呼吸消耗，特别是在二氧化碳浓度较低、光照较强时，光呼吸旺盛。不良环境条件，如：高温、干旱、病菌浸染、虫食等都会造成呼吸增强，超过生理需要而过多消耗光合产物。温度是影响呼吸消耗的最主要因素，一般温度高，呼吸加速，消耗增多，尤其是夜温偏高时，呼吸消耗更多。干旱和郁闭条件也会增加呼吸消耗。

5. 群体光能利用与产量

光能利用率是指一定土地面积上光合产物中储存的能量占照射到该土地上太阳辐射能的百分率。它以当地单位土地面积在单位时间内所接受的平均太阳辐射或有效辐射能与同时间内同面积上作物增加的干物质折合成热量的比值乘以100%来表示。一般情况下，作物群体的光能利用率较高，作物的生物产量乃至经济产量就会较高。

（二）作物产量物质的积累、运输与分配

1. 产量物质的积累

作物产量物质的积累随着时间的推移是不断地变化的。在从种到收的全过程中，产量物质的积累过程一般呈曲线"S"形。一年生作物群体单位面积产量物质积累（W）的模式比较简单（见图2-2），作物生长率（CGR）定义为随时间而变化的速率（$\Delta W / \Delta t$）。这种曲线可以通过在整个生长期定期进行取样测定后绘出。两个日期之间的产量物质的增

量（ΔW）除以 Δt 便可以计算出 CGR。

对一年生作物地上部和块茎状地下部的取样较容易，但对细根的正确取样难度较大，大多数 W 和 CGR 的资料反映的仅是地上部分的情况。当土壤资源不是限制因素时，根约占生物量的 10%。但是，当水分和土壤成为制约作物生长的因素时，根所占的比重就大得多，取样误差就会有显著差异。

"S" 形曲线可以划分为生长早期的"指数阶段"（E）、中期的"快速生长阶段"（G）和后期的"最后的衰老阶段"（s）。这三个时期可以用图 2-2 表示。幼苗的生长速率受叶面积和光截获的制约，而指数阶段是由于扩展中的叶面积对生长速率的正反馈而造成的。随着叶面积的增加，光截获和光合作用也增加，包括叶子生长在内的 CGR 同样增加。

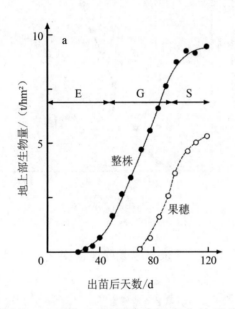

图 2-2　玉米生物量随时间变化的规律

在"S"形曲线的指数阶段，绝对生长率 dW/dt 与 W 中成正比：$dW/dt = \mu \cdot W$〔式中 μ 为比生长率（specific growth rate）或相对生长率（relative growth rate，RGR）参考数〕。参数 μ 在苗期成最大值，但随植株长大和冠层增大而迅速下降。在指数阶段，μ 与叶面积及其光合活性密切相关。作物完全封垄时的 μ 值已基本上无意义了，因为这时的 dW/dt 在很大程度上独立于 W 和叶面积。

当作物群体完全封垄时，作物进入了快速生长阶段，此时光截获和光合作用都达到最大值。这时 CGR 主要依靠太阳辐射的变化而变化。如图 2-3 所示，作物（玉米）生长的下降阶段是由于成熟和衰老的缘故。这些是所有一年生作物的同步化现象。当临近辐射和温度下降，并且田间的作物产量物质生长量很大以致维持呼吸占用的光合产物较多时，

CGR 也会下降。这种"S"形生长曲线也见于牧草和甜菜的整个生长季节，虽然它们并不衰老和死亡。

在生长季早期较早便完全封垄而且天气条件较好的条件下，作物的年产量最高。多年生作物比一年生作物更容易避免指数阶段过长的影响；多年生器官可以为新叶生长提供营养，这样群体很快就能封垄。

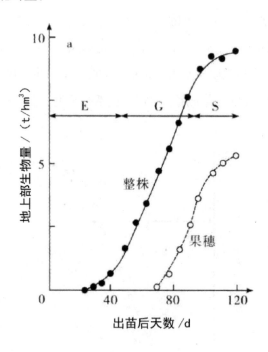

图 2-3　玉米生物量随时间变化的规律

2. 产量物质运输与分配

光合作用所形成的产物，除了一部分留在叶内供叶的需用外，大部分运输到别的器官，供生长发育用或被储存起来。对高等植物来说，从产生有机物的叶到消耗或储存有机物的器官之间，必然有一个有机物运输和分配的过程。即使光合作用很强，形成的有机物质很多，生物产量很高，如果运输和分配不当，不能把这些物质运输或分配到目标产量器官中，经济产量也不会很高，还是不能达到高产的目的。在正常气候条件下，水稻籽粒灌浆时，茎叶中制造或积累的大部分物质转移到籽粒中去了，剩下来的是纤维素等不能转移的物质，茎叶逐渐衰亡，籽粒成熟。但在不利的气候条件下，如发生干旱，物质运输受阻，籽粒不充实。矮秆水稻一般比高秆水稻产量高，其原因之一就在于同化物分配到穗部的比例大，籽粒产量就高。从谷秆比例来看，矮秆品种一般为 1.2 ~ 1.5，也就是说分配到谷粒的物质比分配到稻秆的物质要多；高秆品种的谷秆比一般为 0.8 ~ 1.0，这意味着分配到谷粒的物质少而存留在茎叶的物质较多。即使是经济产量较高的矮秆品种或半矮秆品种，在成熟后其叶片、叶鞘和茎秆仍存留有较多的有机物。因此可以设想，如果能把存留在茎叶的物质更多地运输到穗部，产量就会有所提高。由此可见，同化物的运输与分配对产量的形成有很重要的作用。

（1）产量物质的运输

产量物质运输的路径是韧皮部，在韧皮部运输的物质大部分是碳水化合物，少数是有机含氮物。同位素研究表明，作物体内物质的运输速度一般是每小时40～100cm，一般来说，C4作物比C3作物运输的速度快。光强度的增加和光合作用的增强、温度的增高以及库对产量物质需求的增加，都能导致产量物质从源到库的运输速度的提高；反之运输受阻，导致物质大量积累在叶中，也会大大降低叶子的物质生产能力。

由于物质运输不单纯是物质在细胞内的被动扩散，还是在细胞间利用胞间联丝作为通道，依靠呼吸产生的能量进行主动运输的过程，所以，凡是影响细胞内能量积累和释放过程的因素，都会影响物质运输的速度。在磷供应不足的情况下，水稻等作物灌浆期间喷施磷酸二氢钾，可促进物质运输到籽粒，从而提高产量。在水稻抽穗至灌浆期间喷施赤霉素，在几天之内，呼吸强度显著提高，物质从叶运输到谷粒的速度也大大加快。

（2）产量物质的分配

作物光合作用形成的同化产物的分配直接关系到经济产量的高低。据研究，物质的分配方式主要取决于各种库的吸力的大小与源相对位置的远近，同时也在一定程度上受到维管束联结方式的制约。一般来说，新生的代谢旺盛的幼嫩器官的竞争能力较强，能分配到较多的物质；库与源相对位置较近时，库能分配到较多的物质。

当库同时竞争一种有限的物质时，物质分配明显地偏向越来越大的库。例如，一株玉米上尽管可以分化出几个果穗，但只有最上部一个或两个果穗能够发育，其余的趋向于退化或发育不良。这种偏向有利于最大库的物质分配倾向是作物进化的标志，有利于提高作物的产量，增进作物成熟的整齐度。

在栽培实践上，可采用适当措施调节和改善物质分配的方向和数量。例如，稻、麦分蘖的促进与控制，拔节穗肥的施用，棉花和果树的整枝以及矮壮素、丁酰肼等生长调节剂在麦、棉、薯类、花生、果树上的施用，都能够影响作物生长中心和代谢方式的转移，控制叶的徒长，促进同化物向产品器官的分配，提高产量。作物种类不同，收获指数或物质分配率也不同，一般来说，稻、麦的分配率较低，薯类的较高。这种判别与源和库的构造特点、代谢机能和物质运输方式的不同有关。

（三）作物生长分析

1. 作物生长分析法

生长分析利用作物在某一段生长期间所测得的干物质重量和叶面积等数据来计算作物生长过程中的一些特性及影响产量的因素，作物生产者可以借此得到如下一些有用的信息：①了解作物生命过程中何时生长发育得快，叶面积分布是否能有效地利用光照，从而有利于碳水化合物的生成；②了解植株营养生长和生殖生长之间的竞争强弱，以便了解养分的转移和分配等方面的平衡；③不同作物甚至是同一作物的不同品种之间生长竞争能力的不同，利用生长分析法可以选育生长势强的作物品种以供栽培使用；④可以了解哪些环境因子对作物生长发育有影响，以及如何影响其生长发育。

2. 叶面积与光分布和光截获

作物生长率（CGR）的大小取决于叶片的光合作用活性，而且也受群体冠层叶片的分布的影响。

一般作物的最大叶面积指数（LAI）在 2.5 以下时，LAI 与产量呈明显正相关，即产量随 LAI 成比例地增加；当 LAI 增大到 4 以上时，则产量不再随叶面积的增大而成比例地增加。小麦、大麦、玉米、甜菜、大豆等合适的最大 LAI 为 2 ~ 4，最高不超过 5，在此范围内，产量随叶面积的增加而增加，叶面积再大时反而会减产。当 LAI 超过 5 时，叶片对光能的吸收不再增加，并由于下层叶片的光环境变坏，单位叶面积的光合速率下降，干物质积累变小。另外，由于下层叶片为了维持其基本生长过程需要消耗能量，因此，产量不会增加反而会较大幅度地减少。

关于 LAI 的大小，还应该考虑两个因素：一是叶片在不同层次的分布比例，二是叶面积的变化动态。叶面积的变化动态是一个非常重要的问题，其变化动态是否合理，对产量的形成影响很大。一般来说，生长前期叶面积扩展应较快，前期群体叶面积较小，容易造成漏光，因此，前期叶面积如扩展较快，有利于截获更多的太阳光能；生长中期叶面积发展应该平稳，避免过快发展，以免造成叶面积太大而使叶片相互荫蔽；生长后期叶面积自然会逐渐减小，要防止叶片衰老、脱落过快而造成叶面积过小，从而减少光截获而影响产量。

（四）作物产量形成的 5P 理论

作物的产量形成主要是 5P 因子的综合作用的结果：①冠层建立（prior events）；②光合作用（photosynthesis）；③分配强度（partition intensity）；④分配持续期（partition duration）；⑤碳氮前期的积累与重新调运（prior accumulation and remobilization of carbon and nitrogen）。

由于 LAI 是衡量光合有效辐射、透射和生态过程模型的一个重要的空间变量，直接影响到这五个因子的变化，所以作物产量形成最终在于建立有利于截获光的足够 LAI 和充分利用光能的合理叶面积。LAI 既是一个重要的研究参数和评价指标，又是联系五个因子的中间变量，因此，这种提法对研究作物产量形成既简单明了，又有利于研究者确定限制产量的因素，从而确立研究重点，这对育种者和栽培、生理（包括分子生物学）工作者都是极为有效力的。

四、作物的产量潜力

（一）作物产量现状和潜力

太阳辐射能进入地球后，能量是相当大的，这些辐射到地面作物群体上的太阳能有三个去向：被反射掉一部分，漏射到地面被土壤吸收一部分，被作物群体利用一部分。在被作物吸收的这部分当中也并不能全部用于光合作用，能够用于光合作用的部分（光合有效辐射）约占总辐射的 47%，其余的转化为热而散失到空气中。光合有效辐射也不能全部转化到光合产物中，据测定，光合作用的最大转化效率为 28%。

光能利用率不高的原因主要有：一是漏光损失，作物从播种到出苗期间全部太阳辐射都不能被利用，苗期也由于很大一部分光照射在地面上而浪费，成熟期及以后，一部分光也要被浪费掉；二是反射和透射损失，作物体包括叶片要将一部分光反射掉，透射损失较少；三是光饱和现象，光照强度超过光饱和点的那部分光，作物不能利用；四是环境条件不适宜，如：干旱、缺肥、温度过高或过低、涝害、二氧化碳浓度过低等，降低了光能利用率。

（二）光、温、水、资源与作物生产潜力

1. 我国光资源及其特点

光能资源通常以太阳总辐射、光合有效辐射的年（季、生长季或月）总量及日照时数表示。我国的太阳辐射资源十分丰富，年总辐射量为 3300～8300MJ/m²，年光合有效辐射量在 2400MJ/m² 以上。西部高于东部，高原高于平原，干旱区高于湿润区。青藏高原为最高值区，川黔地区为最低值区。在作物生长季节（4—10 月）内的太阳辐射占全年总辐射量的 40%～60%，与水热条件的配合同季，对农业生产十分有利。长江以南地区的太阳辐射在年内分配较均衡，作物可以周年生长。从日照时数的特点看，我国各地呈西多东少的趋势，在 1400～3400h 之间，总辐射高值区日照时数多在 3000h 以上。

2. 我国热量资源及其特点

我国的热量资源丰富，但地域间差异较大，季节变化悬殊。东部季风区的热量资源随着纬度的增高而减少。如：不低于0℃积温在海南省的南端达9000℃以上，而黑龙江省的北部则不足2000℃，长江中下游地区为5000℃左右，湖南为4400℃～5300℃。我国西部受地形的影响，改变了随纬度分布的地域性特征，而随着海拔高度的升高而减少。如：青藏高原的南部谷地不低于10℃积温在3000℃以上，高原的大部分地区在1700℃～2000℃之间，有的地方不足500℃。丰富多样的热量资源为作物生产选择不同作物种类和采用不同种植制度提供了适宜的气候环境。我国热量资源在季节和年限间很不稳定，低温冷（冻）害常有发生。

3. 我国水资源及其特点

我国水资源的地域分布不均衡，呈现南多北少、东多西少的局面，与我国耕地分布状况极不相称。在时间分布上，年变化和季节变化都很大，水资源越少的地区，这种变化就越大。全国大部分地区连续四个月的最大降水量要占年降水量的70%，一部分地区七八月的径流量就占全年径流量的70%。季节性变化方面，除我国南方部分水资源较丰富的地区外，大部分地区的降水都集中在6—8月的夏季。

地下水开采过量，水污染加剧。一些地区为满足农业用水，过量开采地下水资源而造成地下水水位下降，地下漏斗面积扩大，地面局部沉降，沿海地区的海水入侵，水质恶化。人为造成的水资源污染问题日益严重，大部分未经处理的废污水直接排入水域，使江湖库塘和地下水受到污染。

4. 作物光、温、水生产潜力

作物的生产潜力是由当地气候资源、土地资源、种质资源、物质投入和栽培技术等构成的多因子系统决定的。在计算作物的生产潜力时，假设土壤条件、品种、投入和栽培技术等均处于最佳状态，此时，光、温、水条件就成为作物产量的主要限制因子。因此，作物的光、温、水生产潜力就是指某一地区的作物最高生产力，也就是除光、温、水以外的其他因素处于最理想状态时作物的光、温、水生产能力。

水是作物进行生命活动的基础，参与光合作用等一系列重要的生理生化过程，是作物进行物质运输、各种生化过程和根系吸收养分的介质。同时，水也影响着空气、土壤温湿度和土壤养分的有效性，发挥着重要的生态调节作用。因此，水对作物的产量形成和充分发挥生产潜力十分重要。

（三）提高作物产量潜力的途径

1. 遗传育种与提高光合效率

从提高光合效率的角度培育超高产品种，选择目标很复杂。因为具有高光合效率的作物群体，不仅整株的碳素同化能力强，更重要的是群体水平上的碳素同化能力强。这些光合性状的表现，涉及形态、解剖结构、生理生化代谢以及酶系统等各个层次。提高作物生产力，应从能提高群体光合生产力的性状来考虑，特别是根据植株形态特征、空间排列及各性状组合与产量形成的关系进行遗传改良，创造具有理想株型的新品种，对于提高作物产量潜力当有显著效果。

2. 提高作物群体的光截获量

提高作物群体的光截获量主要是提高群体叶面积指数（LAI）和叶面积持续时间（LAD）。作物群体一生中须保持最适宜的叶面积系数，低于最适宜值，即光能未充分利用；高于最适宜值，群体过大，郁闭加重，导致减产。一般要求前期叶面积增长速度要快而稳，最大叶面积系数要适宜，高峰期限持续的时间较长，叶面积衰退缓慢。

3. 降低呼吸消耗

通过抑制光呼吸来提高净光合生产率，如：3% 的低氧条件下种植水稻，光呼吸受到抑制，干物重增加了 54%。硫代硫酸钠、羟基甲烷磺酸、a- 羟基 -2- 吡啶甲磺酸等化学药剂有抑制光呼吸的作用，但采用这些药剂喷株，在大面积生产中尚未发现有明显增产效果。总之，通过环境调控，防止逆境引起的呼吸过旺，减少光合产物损耗，是提高光合生产力的途径之一。

4. 改善栽培环境和栽培技术

作物的环境有两种：一种是自然环境，包括气候、地形、土壤、生物、水文等因子，难以大规模加以控制；另一种是栽培环境，指不同程度人工控制和调节而发生改变的环境，即作物生长的小环境。作物产量潜力是由自身的遗传特性、生物学特性、生理生化过程等内在因素决定的，产量的表现受外部环境物质能量输入和作用效率所制约。

①种与间作、套种：通过改一熟制为多熟制或采用再生稻等种植方式，采用间作、套种的复合群体，既可以相对延长光合时间，有效地利用全年的太阳能，又能使得单位时间和单位面积上增加对太阳能的吸收量，减少反射、透射和漏射的损失。②合理密植：使生长前期叶面积迅速扩大，生长中后期达到最适叶面积指数，且持续时间长，后期叶面积指数缓慢下降，增大叶面积，保持较高的光合速率，可提高大田光合产物总量。③培育优良株型的群体：通过合理栽培，特别是延缓型或抑制型植物生长调节剂的使用，能在某种程度上改善作物株型和叶型，形成田间作物群体的最佳多层立体配置，造成群体上、下层次

都有较好的光照条件。④改善水肥条件：改善农田水肥条件，培育健壮的作物群体，增强植株的光合能力。⑤增加田间 CO_2 浓度：在大田生产中要注意合理密植及适宜的行向和行距，改善通风透光条件，促使空气中 CO_2 不断补偿到群体内部，利于增强光合作用。另外，在土壤中适当增施有机肥，机肥分解时可释放出 CO_2。在温室和塑料大棚中施用 CO_2（如干冰）可提高产量。⑥使用植物生长调节剂：矮壮素、缩节胺、多效唑等植物生长延缓剂不仅可有效防止植株徒长，在培育壮苗、提高植株光合能力等方面也具有很好的作用。

第二节　农作物品质的形成

一、作物品质及其评价指标

（一）作物品质

作物品质是指产量器官，即目标产品的质量。作物产品的质量直接影响它的价值——加工利用、人体健康、农畜生长以及工业生产。通俗地说，作物产品品质就是指其利用质量和经济价值。作物产品是人类生活必不可少的物质，依其对人类的用途可以划分为两大类：一类是作为人类的食物；另一类是通过工业加工满足人类衣着、食用、嗜好、药用等需要。作为植物性食物的粮食，主要包括稻米、小麦、大麦、玉米、高粱和薯类等。人类所需要的食用植物油 90% 以上来自油菜、棉籽、大豆、花生、向日葵五大油料作物，人们越来越注重食用油脂品质的改进。此外，人类衣着原料棉、麻、糖料及嗜好原料烟草、茶叶等的产品品质也正得到积极的改进。对禾谷类作物和经济作物产品品质的衡量标准是不同的，作物品质有时候和产量是协调的，有时候和产量要求是矛盾的。

1.粮食作物的品质

（1）营养品质

①禾谷类作物是人类获取蛋白质和淀粉的主要来源。禾谷类作物籽粒中含有大量的蛋白质、淀粉、脂肪、纤维素、糖、矿物质等。由于蛋白质是生命的基本物质，因此，蛋白质含量及其氨基酸组分是评价禾谷类作物营养品质的重要指标。②食用豆类作物，如：大豆、蚕豆、豌豆、绿豆、小豆等，其籽粒富含蛋白质，而且蛋白质的氨基酸组成比较合理，因此营养价值高，是人类所需蛋白质的主要来源。③薯芋类作物的利用价值主要在于

其块根或块茎中含有大量的淀粉，甘薯块根淀粉含量在 20% 左右，马铃薯块茎含淀粉量在 10% ~ 20% 之间，高者可达 29%。

（2）食用品质

作为食物，不仅要求营养品质好，而且要食用品质好。以稻米为例，决定食用品质的理化指标有粒长、长宽比、垩白率、垩白度、透明度、糊化温度、胶稠度、直链淀粉及蛋白质含量等。小麦、黑麦、大麦等麦类作物的食品品质主要是指烘烤品质，烘烤品质与面粉中面筋含量和质量有关。一般面筋含量越高，其品质越好，烘制的面包质量越好。

（3）加工品质及商品品质

作物的加工品质及商品品质评价指标随作物产品不同而不同。水稻的碾磨品质是指出米率，品质好的稻谷应是糙米率大于 79%，精米率大于 71%，整精米率大于 58%。小麦的磨粉品质是指出粉率，一般籽粒近球形、腹沟浅、胚乳大、容重大、粒质较硬的白皮小麦出粉率高。甘薯切丝晒干时，要求晒干率高；提取淀粉时，要求出粉率高、无异味等。

2. 经济作物的品质

（1）纤维作物的品质

棉花的主要产品为种子纤维。棉纤维品质由纤维长度、细度和强度决定。我国棉纤维平均长度在 28mm 左右，35mm 以上的超级长绒棉也有生产。一般陆地棉的纤维长度在 21 ~ 33mm 之间，海岛棉在 33 ~ 45mm 之间。纤维的外观品质要求洁白、成熟度好、干爽等。

（2）油料作物的品质

脂肪是油料作物种子的重要贮存物质。油料作物种子的脂肪含量及组分决定其营养品质、贮藏品质和加工品质。一般来说，种子中脂肪含量高，不饱和脂肪酸中人体必需脂肪酸——油酸和亚油酸含量较高，且两者比值适宜，亚麻酸或芥酸（油菜油）含量低，是提高出油率、延长储存期、食用品质好的重要指标。

（3）糖料作物的品质

甜菜和甘蔗是两大糖料作物，其茎秆和块根中含有大量的蔗糖（$C_{12}H_{22}O_{11}$），是提取蔗糖的主要原料。出糖率是糖料作物的加工品质评价指标。

3. 饲料作物的品质

常见的豆科饲料作物如苜蓿、草木樨，禾本科饲料作物如苏丹草、黑麦草、雀麦草等，其饲用品质主要取决于茎叶中蛋白质含量、氨基酸组分、粗纤维含量等。一般豆科饲料作物在开花或现蕾前收割；禾本科饲料作物在抽穗期收割，茎叶鲜嫩，蛋白质含量最高，粗纤维含量最低，营养价值高，适口性好。

（二）作物品质的评价指标

评价作物产品品质，一般采用两类指标：一是形态指标；二是理化指标。形态指标是指根据作物产品的外观形态来评价品质优劣的指标，包括形状、大小、长短、粗细、色泽、整齐度等。理化指标是指根据作物产品的生理生化分析结果评价品质优劣的指标，包括各种营养成分如蛋白质、氨基酸、淀粉、糖分、矿物质等的含量，各种有害物质如残留农药、有毒重金属的含量等。

按作物产品品质这一基本概念的内涵和要求，作物产品品质评价又分为作物产品的营养品质评价、加工品质评价和商业品质评价。作物产品的营养品质评价主要有：①作物产品的营养特性评价，包括作物产品的理化成分即水分、灰分、pH 值、粗蛋白、粗脂肪、氨基酸、维生素、矿物质元素、脂肪酸、热量等多项技术指标的评价；②作物产品的安全性评价，如产品可食性、杂质含量、农药残留（有机氯、有机磷）、基因作物产品的安全性等几项技术指标；③作物产品的卫生特性评价，有微生物含量、重金属元素残留量、激素含量等技术指标；④作物产品的功能性评价，主要是作物产品的医疗性、人的嗜好性和适口性、作物产品的感官特性（色、香、味、形）。作物产品的加工品质评价包括加工特性、储运特性、利用特性三项指标体系。作物产品的商业品质评价包括等级规格、外观特性、流通特性、简便特性四项指标体系。

二、作物品质形成的生态环境调控作用

（一）光对作物产品品质的影响

1. 光强对作物产品品质的影响

由于光合作用是形成作物产量和品质的基础，强光可促进花青苷的形成，果树在通风透光的条件下，可明显改进果实的着色，增加糖和维生素 C 的含量，提高果品的耐贮性。光照不足会严重影响作物的品质。

2. 光质对作物产品品质的影响

光质是指太阳光谱中的不同波长的光的成分，能被作物吸收利用的光仅仅是可见光区（390 ~ 760mm）的大部分，这部分光通常也称为光合有效辐射，占太阳总辐射量的40% ~ 50%。太阳辐射对作物的效应按波长可划分为 8 个光谱带，各个光谱带对作物的影响大不相同。波长大于 0.72 μm 的波段相当于远红光，0.71 ~ 0.61 μm 为红、橙光，0.61 ~ 0.51 μm 为绿光，0.51 ~ 0.40 μm 为蓝、紫光。红光有利于碳水化合物的合成，蓝光则对蛋白质的合成有利，紫外光照射对果实成熟起到良好作用，并能增加果实的含糖量。

光质对烟叶生长、碳氮代谢和品质的影响表现为：增加红光比例对叶面积的增大有一定的促进作用，净光合速率增加，叶片总碳、还原糖含量增高，总氮、蛋白质含量下降，C 代谢增强，C/N 明显增加；增加蓝光比例对叶片生长具有一定的抑制效应，但可使叶片加厚，净光合速率降低，使叶片总氮、蛋白质、氨基酸含量提高，使 N 代谢增强，C/N 降低。此外，通过有色薄膜改变光质以影响作物的生长，一般都能够起到增加产量、改善品质的效果。

3. 光周期对作物产品品质的影响

光照长度也会对作物品质造成影响。长光照下大豆蛋白质含量下降，脂肪含量上升。在脂肪中，棕榈酸和油酸所占比例下降，亚油酸和亚麻酸所占比例有所升高。甘蔗的含糖量也与日照时数有关，9—11 月的日照时数累计在 126h 以下时，含糖量为 11.17%；日照时数为 133 ~ 188h 时，含糖量为 12.02%；日照时数为 200 ~ 220h 时，含糖量为 12.65%。开花后延长光照，可使大豆蛋白质含量下降，脂肪含量上升，油酸、软脂酸占脂肪酸的比例下降，亚油酸、亚麻酸和硬脂酸比例上升；而且，在较长的光照长度下，大豆开花后各生育阶段延长。这一结果为优质品质生育期结构的设计和优质栽培提供了重要依据。在地域分布上，纬度较高、日照较长、光照充足、温度适中的地区是大豆的高脂肪区；纬度较低、日照较短的我国南方地区大豆蛋白质含量较高。

（二）温度对作物品质的影响

温度是热的强度的量度，它直接影响作物的光合作用、呼吸作用、蒸腾作用、细胞壁的渗透性、水分和养分的吸收，以及酶的活性高低和蛋白质、碳水化合物积累的多少。作物的光合作用有一定的温度范围，在光合最适温度时，光合速率最高，净光合产物积累最多，净光合产物的多寡影响作物产品的风味和品质；昼夜温差的大小决定着作物净积累的碳水化合物和蛋白质的多少，最终影响着作物的产量和产品的品质。温度也影响作物对矿质元素的吸收，温度过低时，作物根系对矿质营养的吸收受阻；温度影响土壤微生物的活动，进而影响土壤的 pH 值，土壤 pH 值的变化又影响到矿质营养元素的有效性；作物完成一个生命周期需要一定的积温，积温不够则作物不能完成正常的生长发育。因此，温度不仅影响作物的生长发育，也影响其内在品质。

（三）水分对作物品质的影响

水是作物制造碳水化合物、保持原生质的生化作用所必需的，是作物养料和矿质元素运输的媒介，其含量占绿色植物组织鲜重的 70% ~ 90%。植株含水量的多少与其生命活动的强弱常有平行关系。在一定范围内，组织的代谢强度与其含水量成正相关。作物体内

29

水分的短缺会减弱细胞分裂和细胞的生长，作物的蛋白质含量通常与土壤水分含量成负相关。土壤水分含量对作物养分吸收具有显著影响，土壤水分供应增加时，作物能较好地吸收养分，作物对水的利用效率也显著提高。水在作物的生态环境中具有特别重要的作用，通过水的理化特性可以调节作物周围的环境。因此，水和作物的生命活动是紧密联系的，没有水就没有生命，更谈不上品质。

（四）空气对作物品质的影响

绿色植物和某些微生物通过光合作用固定空气中的 CO_2，同时，又通过呼吸作用和分解作用向空气中释放 CO_2。作物进行光合作用所需要的 CO_2 不但来自群体以上空间，而且来自群体下部，其中包括土壤表面枯枝落叶分解、土壤中活着的根系和微生物呼吸、有机质的腐烂等释放出来的 CO_2。提高 CO_2 浓度可以促使某些作物的产量增加，品质得到改善。

（五）土壤对作物品质的影响

土壤是绝大部分作物生长发育的载体，是作物主要的矿质营养及氮素营养的来源。土壤的结构直接影响根系和地上部分的生长，黏重的土壤也影响根系对土壤养分的吸收利用；土壤的水分含量影响土壤的空气含量；土壤的酸碱度可以改变土壤中作物所需营养的有效性，从而影响作物吸收；作物所必需的营养元素绝大部分是通过根系从土壤溶液中吸收的。土壤中各营养元素有的形成作物结构物质或作物体内一些重要化合物的组成成分，有的参加酶促反应或能量代谢，有的则具有缓冲作用或调节作物代谢等功能，只有在养分供应充足、各种元素比例配合适当时作物才能生长发育良好，才能有利于提高作物的产量和产品的品质。因此，土壤的理化性质直接影响作物的生长发育和生理代谢，进而影响作物的品质。

三、作物品质形成的栽培措施调控作用

（一）种植密度对作物品质的影响

对于大多数作物而言，适当稀植可以改善个体营养，从而在一定程度上提高作物品质。在制种禾谷类作物时，一般种植密度较高产田稀一些，以提高粒重、改善外观品质。降低种植密度能提高叶片的磷酸烯醇式丙酮酸羧化酶（PEPC）、谷氨酰胺合成酶（GS）以及籽粒的腺苷二磷酸葡萄糖焦磷酸化酶和 GS 的活性，且其叶片和籽粒的非蛋白氮、蛋白氮和全氮含量亦增加，从而使糙米蛋白质含量增加。合理密度为 30 万克 / 公顷，其产量最高和糙米蛋白质含量较高，因此有利于饲料稻威优 56 高产与高蛋白质含量协同形成，这与在此密度下籽粒蔗糖合成酶（SS）和叶片蔗糖磷酸合成酶（SPS）活性最高，以及籽粒

和叶片的 PEPC 和 GS 活性较高相关。不同栽插密度对稻米品质影响不明显,蛋白质含量随着栽插密度的提高而略有增加。当前,生产上最大的问题是由于种植密度过大、群体过于繁茂,引起后期倒伏,导致品质严重下降。但是,对于收获韧皮部纤维的麻类作物而言,在不造成倒伏的前提下,适当密植可以抑制分枝生长、促进主茎伸长,从而起到改善品质的效果。

(二)肥料对作物品质的影响

1. 有机肥

一般认为施用较多有机肥时,作物品质较好,过量施用化肥时,作物品质较差,而且会因化肥中有毒物质的残留而影响人们的健康。从肥料种类来看,适量施用有机肥或化肥都能在不同程度上影响作物品质。高产优质的地块应强调有机肥与化肥的配合施用。

2. 氮肥

在所有的肥料中,一般来说,氮肥对改善品质的作用最大,但氮肥使用过多,则使作物体内大部分糖类和含氮化合物结合成蛋白质,导致油分的合成受到影响。作物体内与品质有关的含氮化合物有蛋白质、必需氨基酸、酚胺和环氮化合物(包括叶绿素 A、维生素 B 和生物碱)等。

3. 磷肥

与作物产品品质有关的磷化物有无机磷酸盐、磷酯酸、植酸、磷蛋白和核蛋白等。适量的磷肥对作物品质有如下作用:①提高产品中的总磷量,且 P/Ca 比对人类健康的重要性远远超过了 P 和 Ca 单独的作用。②增加作物绿色部分的粗蛋白质含量。磷能促进叶片中蛋白质的合成,抑制叶片中含氮化合物向穗部的输送。磷还能促进植物生长,提高产量,从而对氮产生稀释效应。因此,只有氮磷比例恰当,才可提高籽粒中蛋白质的含量。③促进蔗糖、淀粉和脂肪的合成。磷能提高蛋白质合成速率,而且对提高蔗糖和淀粉合成速率的作用更大;作物缺磷时,淀粉和蔗糖含量相对降低,但谷类作物后期施磷过量,对淀粉合成不利。磷肥对油分形成有良好作用,因为糖类转化为油脂的过程中需要磷的参与。

4. 钾肥

适量的钾肥对作物品质有如下作用:①改善禾谷类作物产品的品质。钾不仅可增加禾谷类作物籽粒中蛋白质的含量,还可提高大麦籽粒中的胱氨酸、蛋氨酸、酪氨酸和色氨酸等氨基酸的含量;增施钾肥和后期施用钾肥,稻米的直链淀粉含量增加,最高黏度值和崩解值上升,消减值和回复值下降。②促进豆科作物根系生长,使根瘤数增多,固氮作用增强,从而提高籽粒中蛋白质含量。③有利于蔗糖、淀粉和脂肪的积累。在甜菜上施用钾肥

可提高含糖量，减少杂质含量；在大麦上施钾可提高籽粒中淀粉和可溶性糖的含量。

（三）耕作方式对作物品质的影响

合理的耕作方式可以调节土壤的松紧度、调节耕层的表面状态和耕层内部土壤的位置，从而达到调节耕层土壤的水、肥、气、热状况的目的，为作物的增产优质创造适宜的土壤环境。少耕、免耕和覆盖是几种发展比较迅速的保护性耕作方式，它可以改变土壤容重、含水量、团粒结构及土壤酶活性等，从而起到改变土壤结构和作物生长的作用。与冬闲田相比，稻田免耕稻草全程覆盖种植马铃薯、免耕直播黑麦草处理、免耕直播油菜处理、免耕直播燕麦草处理均可显著提高其土壤蛋白酶、中性磷酸酶、过氧化氢酶以及转化酶活性，尤其是进行稻田免耕稻草全程覆盖种植马铃薯处理时，其土壤酶活性明显高于其他处理。稻田免耕稻草全程覆盖种植马铃薯、免耕直播黑麦草处理、免耕直播油菜处理还可以显著改善稻米品质，提高稻米的整精米率和蛋白质含量，降低稻米的垩白度、直链淀粉含量以及胶稠度。

（四）农药对作物品质的影响

农药是重要的农业生产资料，是防治农作物病虫害和其他有害生物必备的战略物资。但农药也是一种有毒的物质，尤其是化学农药，如果使用不当，将会造成环境污染，造成作物产品农药残留，有的甚至会造成人畜中毒，天敌死亡。直接用剧毒或高毒农药如3911、甲胺磷、1605、氧化乐果等防治病虫害，易造成土壤污染和作物产品农药残留，既影响了品质又损害了消费者的身体健康。近年来，我国出口的农副产品因农药残留超标被退货的事例不在少数，因此，国家绿色食品发展中心规定，绿色食品在生产当中禁止使用任何化学农药。

四、作物品质的改良途径

（一）培育和选用优质作物品种

通过常规育种、分子育种与转基因技术的快速发展，国内外在作物优质品种的选育工作方面，已取得很大的成效。

粮食作物品质育种方向主要是提高蛋白质含量及改善氨基酸组成，特别是增加赖氨酸、色氨酸、苏氨酸等必需氨基酸的含量。

棉花纤维作为纺织工业原料，对纤维品质一向比较重视，高品质棉花品种、杂交抗虫棉品种、优质专用棉花新品种也已经在生产上大面积推广应用。

油菜籽的产品主要是油和饼粕。目前已育成低芥酸和低硫代葡萄糖苷的双低油菜新品种，提高了菜籽的含油量和营养价值，菜籽饼也由单纯做肥料而开发用作饲料，以促进畜牧业的发展。

（二）建立优势作物产品产业带

我国已制定了优质专用小麦、稻米、棉花等作物的生态区划，并规划了优势产业带，部分省（市）也制定了相应的优质作物生态区划与优势产业带，从而有利于指导我国优质作物生产。在作物种植上，要在优质作物生态区划的基础上，根据不同地区生态条件，选择各优质生态区适宜的优质品种，建立优势农产品产业带。

（三）改进栽培技术

优质栽培是指以提高作物产品品质为主要目标的栽培技术。如何从栽培技术方面来提高作物产品品质，已经引起人们的广泛关注。

1. 按照作物产品成分的形成规律，采用相应的优质栽培技术

按产品成分区分，粮食作物主要是合成蛋白质和淀粉，油料作物生产油脂，纤维作物主要是生产纤维素，蔬菜作物主要是维生素、矿物质，水果则强调风味中的甜、酸、涩、苦等。这些物质形成均有其规律和特点，以及对土壤、营养等的要求。优质栽培就是针对作物的需要来满足其要求，并获得优质产品，其中营养元素的效果最为明显。氮素是合成氨基酸和蛋白质最重要的元素，钾元素对块根、块茎类产品有重要作用，花生则不能缺乏钙和钼，烟草则需要控制氮素使用、充足供应钾肥，油菜缺"硼"则"花而不实"。

2. 依据作物产品的外观形成特点，采取优质栽培技术

麻类作物如亚麻、大麻、红麻，其产品主要是韧皮纤维，优质指标要求纤维长，木质化程度低，纤维细胞上下均匀一致，所以要求植株细高，生长一致，枝少，无疤痕。栽培时应采取适当加大密度，在茎秆快速生长时加强水肥管理，间苗定苗时大小一致，距离相等的技术措施；还可用生长调节剂和南麻北种等措施促进营养生长，推迟开花等。

3. 针对作物产品器官的生育特点，采取措施，改进品质

这是间接的优质栽培技术。如：强度是棉花纤维很重要的一项品质，而纤维强度的决定因素主要是温度，只有当棉铃和纤维在适宜积温条件下得到充分发育才能获得最佳的强度品质。棉铃中伏桃的纤维强度明显优于秋桃，更优于晚秋桃，就是由于积温的差别影响纤维素的正常形成和沉积，进而影响纤维强度。在生产上如何延长有效结铃期，特别是优质结铃期是提高纤维强度的重要途径。当前棉花生产上大力推广地膜覆盖和育苗移栽技术，

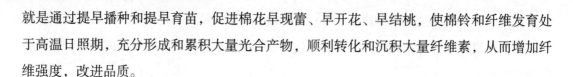

就是通过提早播种和提早育苗，促进棉花早现蕾、早开花、早结桃，使棉铃和纤维发育处于高温日照期，充分形成和累积大量光合产物，顺利转化和沉积大量纤维素，从而增加纤维强度，改进品质。

（四）提高作物产品的储藏和加工技术

作物产品的专收专储是保证优质作物产品品质的重要一环。作物产品收获后按品种分别收购、储藏，保证生产出的作物产品品质的一致性和稳定性，利于加工企业进行转化利用。目前，我国作物产品的收购企业仍以传统的国有企业为主，往往以行政地域为概念，因此要转变观念，从作物产品的布局、生产等环节开始跟踪，根据作物产品加工企业的不同要求，分类型、分品种进行收购贮藏，发挥优质专用作物产品的品质潜力。

第三章 农作物种植模式

第一节 粮油作物种植模式

一、早稻—荸荠

（一）产量效益

早稻亩产 450 千克，亩产值 1200 元。荸荠亩产 2100 千克，亩产值 3300 元以上。全年亩产值 4500 元以上。

（二）茬口安排

早稻：3 月下旬播种，4 月下旬移栽，7 月 20 日左右收获。

荸荠：采取两段育苗法。第一段旱育，清明前后播种，亩大田用种荸荠 15 ~ 20 千克。第二段水育，5 月中下旬，当苗高 40 厘米左右，移栽于寄秧田，株行距 0.3 米 ×0.4 米，每蔸 1 株，7 月下旬移栽大田，11 月下旬至翌年 3 月收获。

（三）田间布局

早稻亩栽 23 万、2.5 万蔸，常规稻每亩 15 万 ~ 18 万基本苗，杂交稻每亩 8 万 ~ 10 万基本苗。荸荠亩植 4000 ~ 5000 蔸，每蔸 1 株。

（四）栽培技术要点

1. 早稻

（1）品种选择

选用已通过审定、适合当地环境条件的优质高产、抗逆性好、抗病虫能力强的优质稻品种。

（2）备好秧田

利用冬春农闲早备秧田。秧田宜选择土壤肥沃、排灌方便、背风向阳的旱地或水田。

旱育秧或水育秧。育秧：按 30 平方米秧床栽 1 亩大田比例留足苗床。塑料软盘育秧：早稻按每亩大田 561 孔软盘 45 ~ 48 个。播前施足苗床肥，整平整细后按宽 1.3 米、沟宽 0.3 米、沟深 0.1 米开沟做厢，并按每平方米用 30% 恶霉灵水剂 3 ~ 6 毫升进行苗床消毒。

（3）适期播种

3 月下旬播种，选择冷尾暖头播种，旱育秧播期可提早一周。

（4）适时移栽，合理密植

4 月下旬移栽，秧龄控制在 30 天以内。采用宽株窄行或宽行窄株移栽，行株距（13.2 ＋ 26.4）厘米 ×13.2 厘米或 23.1 厘米 ×13.2 厘米 [（4 ＋ 8）寸 ×4 寸或 7 寸 ×4 寸]。一般早稻密度为 2.3 万 ~ 2.5 万蔸 / 亩，移栽时注意插足基本苗。杂交稻每蔸插 2 ~ 3 粒谷苗，常规稻每蔸插 4 ~ 5 粒谷苗。秧苗随取随栽，不插隔夜秧，移栽田泥浅，插稳、插直、插匀。

（5）搞好肥水管理

每亩在 450 千克左右产量的情况下，每亩总施氮量为 10 千克左右，氮、磷、钾比例为 2：1：2，底追肥比例为 0.6：0.4，最好每亩施 1 千克硫酸锌做底肥。氮肥施肥要做到"减前增后，增大穗粒肥用量"，基肥、分蘖肥、穗肥施用比例为 5：3：2。

分蘖前期浅水插秧活棵，薄露发根促蘖。幼穗分化至抽穗开花期浅水促大穗，保持水层 2 厘米左右。够苗后及时晒田控苗，当苗数达到预期穗数的 80% 时开始晒田，总苗数控制在有效穗数的 1.2 ~ 1.3 倍。灌浆结实期湿润灌浆壮粒，灌跑马水直至收割前 1 周断水，做到厢沟有水，厢面湿润。生育后期切忌断水过早，避免空秕粒多、籽粒充实度差。

（6）病虫害防治

早稻一般病虫害较轻，高肥田注意纹枯病，大风大雨后出现高湿高温情况时，注意白叶枯病及穗颈稻瘟的防治。

2. 荸荠

（1）选种及消毒

选择脐平、色泽鲜艳、无破伤、无病害、大小一致且单重 25 克以上的球茎做种。育苗前须用 50% 甲基托布津 800 倍液或 25% 多菌灵 250 倍液，将种荸浸泡 12 小时，预防荸荠苗秆枯病的发生。

（2）两段育苗

两段育苗分旱地育苗和水田寄栽两阶段。

旱地育苗：3 月中旬，选择避风向阳、土层深厚肥沃的旱地，整成厢宽 100 厘米、厢沟宽 30 厘米、深 20 厘米的苗床，将种荸芽头朝上整齐排放，种荸相间 5 厘米左右，然后覆盖细沙土,厚度以盖住种荸芽头为宜,保持土壤湿润。到 5 月中下旬,当种荸叶状茎高约 40 厘米时,即可起苗到水田育苗。

水田寄栽:选择排灌方便的田块,施足有机肥后灌足水,使其充分腐烂熟化。寄栽前亩施碳铵 50 千克、过磷酸钙 50 千克。再整田,做到田平泥活,然后栽插寄栽苗,苗龄控制在 50 天左右。

(3)移栽

大田移栽适宜时间在大暑后(7 月 25 日左右)。移栽前亩施有机肥 2000 ~ 3000 千克、碳铵 50 千克做底肥,然后精整大田。每窝栽叶状茎的分株苗 1 株,移栽深度 5 ~ 8 厘米。

(4)田间管理

中耕除草:荸荠从移栽后到封行共除草 3 次。第一次在移栽后 8 ~ 10 天进行,除草后田间可灌 4 ~ 6 厘米深的水层。第二次、第三次分别在前一次除草后 15 天进行,除草后及时追肥并适当加深水。

追肥:移栽返青后,结合中耕除草追肥 2 ~ 3 次。第一次即定植后 15 天,亩追尿素 5 ~ 8 千克。第二次在抽出"结荸茎"时,亩追尿素 8 ~ 10 千克、硫酸钾 10 千克。第三次是结荸的初期,即白露前后,亩追尿素 5 ~ 8 千克、硫酸钾 15 ~ 20 千克。此外,在返青期、分蘖期、结荸期各喷一次磷酸二氢钾、硫酸锌、硫酸亚铁等叶面肥。

科学管水:荸荠定植后,田间保持 6 厘米深水层稳苗,活苗后浅水促蘖。秋分到寒露是球茎膨大期,要灌深水,抑制无效分蘖,使结球增大,寒露后开始断水。

(5)病虫害防治

重点是防治荸荠螟、荸荠瘟、根腐病等。

二、春马铃薯—水稻—秋马铃薯

(一)产量效益

春马铃薯亩产 1800 千克,产值 3600 元。秋马铃薯亩产 1000 千克左右,产值 3000 元。水稻亩产 600 千克左右,产值 1600 元。全年亩产值 8200 元以上。

(二)茬口安排

春马铃薯:1 月上中旬播种,深沟高垄地膜覆盖,4 月下旬至 5 月上旬收获。

水稻:4 月上旬播种,5 月上旬移栽,8 月下旬收获。

秋马铃薯:8 月下旬至 9 月 5 日前播种,12 月上中旬收获田间布局。

（三）田间布局

水稻齐泥收割后两米开厢起沟（含沟在内），免耕摆播马铃薯，株行距 0.17 米 × 0.65 米，每亩 6000 窝左右。水稻栽插 1.8 万～2 万穴，栽足 8 万～10 万基本苗。

（四）栽培技术要点

马铃薯选用早熟、休眠期较短的品种，如：费乌瑞它、早大白、中薯五号、中薯三号、东农 303、克新四号等品种。水稻选用广两优香 66、扬两优 6 号、深两优 5814 等中迟熟杂交稻品种。

1. 秋马铃薯栽培技术要点

齐泥收割中稻后，喷施克瑞踪除草剂灭杀稻兜，具体方法是每 15 千克水用克瑞踪 5 克喷雾，喷药要均匀，不能漏喷，要将杂草稻兜全部喷湿。

（1）适时育芽、炼芽

秋马铃薯在 8 月中旬室内阴凉通风处育芽。方法是：小种薯（20 克左右）只须削去一点尾部，稍大种薯纵向切块，保证每块有 2～3 个芽眼，切块朝上薄摊在阴凉通风处 1～2 天，让伤口愈合。用甲霜灵锰锌 500 倍液加 0.5～1 毫克 / 千克的赤霉素喷在干净中粗河砂上防晚疫病，翻动拌均匀稍微湿润后，做成约 3 厘米厚的砂床，摆上种薯（芽眼朝上）。摆一层种薯，盖一层砂，如此 4～6 层，最上面一层砂要有 3 厘米厚。保持砂床湿润。5～7 天后轻轻扒开砂，将长有 1.5～2 厘米长芽子的种块掏出（注意不要折断芽子），摊放在散光处绿化炼芽 2～3 天。

（2）开厢起沟

包沟两米开厢，挖好厢沟、围沟、腰沟。挖沟的土放在厢面中间，并整碎。结合整地，施足底肥。秋种马铃薯一般每亩施 1000～1500 千克优质有机肥，45% 硫酸钾复合肥 60～80 千克，开沟条施覆土。

（3）适时播种

8 月中下旬至 9 月初播种到大田。天晴应选择在上午 9 时以前、下午 5 点以后播种为宜，切忌在高温条件下播种。一般播种密度为每亩 6000 穴左右，亩用种量 150～180 千克，宽行窄株种植，顶芽朝上，盖土厚度为 5 厘米左右。待苗高 15 厘米左右进行培土，增加土壤通透性。

（4）稻草覆盖

秋马铃薯种薯摆好，底肥施好后，应及时均匀覆盖稻草。覆盖厚度 15 厘米，并稍微压实（亩需 1000～1250 千克稻草）。盖厚了不易出苗，而且茎基细长软弱；稻草过薄易漏光，使产量下降，绿薯率上升。如果稻草厚薄不均，会出现出苗不齐的情况。

（5）田间管理

出苗时，及时提苗。刚出苗时每亩用 3 ~ 4 千克尿素兑水或人畜粪加尿素施用。植株生长较旺盛时，在初蕾期用 100 ~ 150 毫升/升多效唑均匀喷雾，抑制地上部分旺长，促进块茎膨大。注意抗旱排渍。

（6）适时采收

马铃薯可分期采收，分批上市。具体方法是：将稻草轻轻拨开，采收已长大马铃薯，再将稻草盖好，让小块茎继续生长。这样，既能选择最佳块茎提前上市，又能增加产量，提高总体经济效益。

2. 春马铃薯栽培技术要点

（1）适时播种

春马铃薯播种期一般为 12 月中下旬至 1 月底前，选择在晴朗天气播种。播种深度约 10 厘米，费乌瑞它等品种宜深播 15 厘米，以防播种过浅出现青皮现象。早熟马铃薯每亩密度为 5000 株左右。

（2）施足底肥

亩施腐熟的农家肥 3000 千克左右，亩施专用复合肥 100 千克（16：13：16 或 17：6：22）、尿素 15 千克、硫酸钾 20 千克。农家肥和尿素结合耕翻整地施用，与耕层充分混匀。其他化肥做种肥，播种时开沟点施，避开种薯以防烂种。适当补充微量元素。

（3）深沟高垄全覆膜栽培

按照深沟高垄全覆膜技术要求整地，垄距 65 ~ 70 厘米，株距 20 厘米，垄高 35 厘米，达到壁陡沟窄、沟平、沟直。采用地膜覆盖以保水保温，成熟期可提早 7 ~ 10 天。覆膜时要注意周边用土盖严，垄顶每隔两米左右用土块镇压，以防大风毁膜。

（4）田间管理

现蕾期苗高 0.5 米左右喷施多效唑、甲霜灵、膨大素，控制植株徒长，防治晚疫病，促进块茎膨大。

3. 中稻

（1）培育适龄壮秧

塑料盘育秧主要防止串根，以确保撒得开、立得住为目的。壮秧标准为：秧龄 25 ~ 30 天，叶龄 4 ~ 5 叶，苗高 15 厘米。

（2）免耕除草、施肥

前茬收后，抢时喷药灭草施肥。方法是：亩用 20% 克瑞踪 150 毫升（兑水 50 千克）

均匀喷到厢面，两天后再施 35 千克 45% 复合肥，再迅速上水，以水行肥，次日用铁耙将厢面整平，以便抛秧。

（3）掌握抛秧技术，提高抛秧质量

以无水抛秧为最好，浅水亦可。一要抛足密度，二要抛匀，防止叠苗、重苗，先抛 70%，再抛 30% 补抛。抛后即移密补稀。

（4）立苗后田管

抛后 5 天左右要保持田内无水，90% 苗站立后再上水。

（5）后期管理

同常规栽培管理。

三、"一菜两用"油菜—中稻

（一）产量效益

油菜薹亩产 300 千克，产值 360 元。油菜籽亩产 200 千克左右，产值 960 元。中稻亩产 650 千克，产值 1750 元。亩少投工 1 个，节约成本 100 元，全年亩产值 3170 元。亩纯收入 1800 元以上。

（二）茬口安排

油菜：9 月上中旬育苗，10 月上中旬移栽，翌年 2 月中旬至 3 月上旬摘薹上市，5 月上中旬收获。

中稻：4 月中下旬育苗，5 月中旬抛秧，9 月中旬收获。

（三）田间布局

油菜行距 0.37 米，株距 0.25 米，亩密度 8000 株左右。中稻每亩抛秧 45 盘左右，亩 1.5 万蔸。

（四）油菜栽培技术要点

1. 选择优良品种

选用优质高产、生长势强、抗病能力强、菜薹口感好的油菜品种，适合栽培的有：中双 9 号、中双 10 号、中油 211、华双 5 号等优质油菜品种。

2. 适时早播，培育壮苗

①精整苗床：选择地势平坦、排灌方便的地块做苗床，苗床与大田之比为 1:（5～6）。

苗床要精整、整平整细，结合整地亩施复合肥或油菜专用肥 50 千克，硼砂 1 千克做底肥。②播种育苗：最佳播期为 8 月底至 9 月初。亩播量为 300 ~ 400 克。出苗后，一叶一心开始间苗，三叶一心定苗，每平方米留苗 80 ~ 100 株。三叶一心时，亩用 15% 多效唑 50 克兑水 50 千克，均匀喷雾，如苗子长势偏旺，在五叶一心时按上述浓度再喷一次。

3. 整好大田，适龄早栽

①整田施底肥：移栽前精心整好大田，达到厢平土细，并开好腰沟、围沟和厢沟。结合整田，亩施复合肥或油菜专用肥 50 千克，硼砂 1 千克做底肥。②移栽：在苗龄达到 35 ~ 40 天时适龄移栽，一般每亩栽 8000 株左右，肥地适当栽稀，瘦地适当栽密。移栽时浇足定根水，活根后亩施尿素 2.5 千克提苗。

4. 大田管理

①中耕追肥：一般要求中耕 3 次，第一次在移栽后活株后进行浅中耕，第二次在 11 月上中旬深中耕，第三次在 12 月中旬进行浅中耕，同时培土壅蔸防冻。结合第二次中耕追施提苗肥，亩施尿素 5 ~ 7.5 千克。②施好腊肥：在 12 月中下旬，亩施草木灰 100 千克或其他优质有机肥 1000 千克，覆盖行间和油菜根茎处，防冻保暖。③施好薹肥："一菜两用"技术的薹肥和常规栽培有较大的差别，要施两次，要施早、施足。第一次是在 1 月下旬施用，每亩施尿素 5 ~ 7.5 千克。第二次是在摘苔前 2 ~ 3 天时施用，亩施尿素 5 千克左右。两次薹肥的施用量要根据大田的肥力水平和苗子的长势长相来定，肥力水平高，长势好的田块可适当少施，肥力水平较低，长势效差的田块可适当多施。④适时适度摘薹：当优质油菜薹长到 25 ~ 30 厘米时即可摘苔，摘薹时摘去上部 15 ~ 20 厘米，基部保留 10 厘米。摘薹要选在晴天或多云天气进行。⑤清沟排渍：开春后雨水较多，要清好腰沟、围沟和厢沟，做到"三沟"配套，排明水，滤暗水，确保雨住沟干。⑥及时防治病虫：主要虫害有蚜虫、菜青虫等，主要病害是菌核病。蚜虫和菜青虫亩用吡蚜酮 20 克兑水 40 千克或 80% 敌敌畏 3000 倍液防治，菌核病用 50% 菌核净粉剂 100 克或 50% 速克灵 50 克兑水 60 千克，选择晴天下午喷雾，喷施在植株中下部茎叶上。⑦叶面喷硼：在油菜的初花期至盛花期，每亩用速乐硼 50 克兑水 40 千克，或用 0.2% 硼砂溶液 50 千克均匀喷于叶面。

5. 适时收获

当主轴中下部角果枇杷色，种皮为褐色，全株三分之一角果呈黄绿色时，为适宜收获期。收获后捆扎摊于田埂或堆垛后熟，3 ~ 4 天后抢晴摊晒、脱粒，晒干扬净后及时入库或上市。

四、免耕稻草覆盖马铃薯—免耕中稻

（一）产量效益

马铃薯亩产 1000 ～ 1800 千克，产值 3000 元以上。中稻亩产 600 千克，产值 1600 元。全年亩产值 4600 元以上。

（二）茬口安排

表 3-1 免耕稻草覆盖马铃薯—免耕中稻茬口安排

茬口	播种期（月/旬）	定植期（月/旬）	采收期（月/旬）	预期产量（千克/亩）
马铃薯	9/中至 12/上		4/下至 5/上	1000 ～ 1800
水稻	4/中	5/中	9/中	600

（三）田间布局

中稻收获后按 2 ～ 3 米宽起沟分厢，免耕摆播马铃薯，密度 4000 ～ 6000 窝。马铃薯收获后灌水抛秧，每亩密度 2 万 ～ 3 万穴。

（四）栽培技术要点

水稻收获后每亩用 200 ～ 500 毫升克瑞踪喷施田间除草，水田厢整好后即可在厢面摆播马铃薯，播种结束后，一次性施足肥料，再盖上 15 厘米厚稻草，然后把稻草浇湿透，田间保持湿润至出苗。马铃薯在厢面与稻草间生长，收获时掀开稻草，采收上市，马铃薯不带泥，外观好，品质好。免耕马铃薯注意先催芽后播种，以利于快出芽、出齐芽，生长整齐一致。

免耕中稻是在免耕马铃薯收获后，每亩用 200 ～ 500 毫升克瑞踪除草剂均匀喷雾田间杂草及残留茬后 24 小时，即可进行施肥，灌水抛秧，以后进入正常大田管理。

五、中稻—红菜薹

（一）产量效益

中稻亩产 600 千克，产值 1600 元左右。红菜薹亩产 2000 千克，亩产值 2000 元。全年亩产值 3600 元左右。

（二）茬口安排

中稻：4 月中旬播种，5 月中旬移栽，9 月中旬收获。

红菜薹：8 月下旬播种，9 月下旬移栽，12 月至翌年 2 月收获。

（三）田间布局

中稻亩插植 1.8 万兜，株行距为 0.165 米 × 0.2 米。红菜薹一般每亩 3000 ～ 3500 株，按 2 米宽包沟整成高畦，每畦栽 4 行，株行距为 30 厘米 ×（40 ～ 50）厘米。

（四）红菜薹栽培技术要点

1. 品种

选用紫婷、龙秀佳婷等优质早、中熟品种。

2. 施足底肥、按时追肥

大田底肥以有机肥为主，要求每亩施 3000 千克腐熟厩肥，第一次追肥在移栽活苗后及时追施，用 50 千克腐熟人畜粪兑 450 千克水追肥，或每亩用 10 千克尿素追施（每 50 千克水兑尿素 75 克）。薹期追肥逐渐加重，每亩追施复合肥 20 ～ 25 千克，并适当增加磷、硫酸钾。

3. 病虫害防治

加强对黑腐病、病毒病、黑斑病、霜霉病、软腐病及小菜蛾、菜青虫、甜菜夜蛾等主要病虫害的防治。

六、马铃薯（菜用）—玉米—晚稻

（一）产量效益

马铃薯一般亩产 550 千克左右，产值 1100 元左右。玉米亩产 550 千克左右，产值 1260 元左右。晚稻亩产 450 千克左右，产值 1200 元左右。全年亩产值 3560 元左右。

（二）茬口安排

马铃薯：12 月中旬播种，翌年新马铃薯长到能上市时开始开挖，4 月底前挖完。玉米：3 月 10 日前后播种，营养钵育苗，3 月下旬移栽，7 月 22 日以前收获。晚稻：6 月 24 日前后播种，7 月 25 日左右移栽，10 月中下旬收获。

（三）田间布局

厢宽 2.0 米，厢面宽 1.67 米，播 3 行马铃薯，行距 0.83 米，窝距 0.1 米，每亩约 1 万窝。两行马铃薯之间留 0.34 米预留行套种玉米，宽行 1.33 米，窄行 0.67 米，株距 0.22 米左右，亩植 3030 株左右。玉米收获后种植一季晚稻，晚稻每亩 2 万 ~ 2.5 万蔸。

（四）栽培技术要点

马铃薯选用费乌瑞它、大白早、中薯 3 号等早熟品种，玉米选用宜单 629、中农大 451、蠡玉 16 等品种，晚稻选用金优 38 等。

第二节　农作物种植模式

一、小西瓜—藜蒿

（一）产量效益

亩产小西瓜 2000 千克，亩产值 3000 元。亩产商品藜蒿 2400 千克，亩产值 8000 元。全年亩产值 11 000 元左右。

（二）茬口安排

超甜小西瓜上年 12 月底至翌年 1 月初播种，2 月下旬定植，4 月上旬坐果，5 月上旬成熟，6 月中旬采收完毕。藜蒿 7 月初定植，8 月中旬、9 月中旬、11 月中旬，分别采收第 1、第 2、第 3 批。如须供应元旦、春节市场，加盖小拱棚后继续采收 1 ~ 2 批。

（三）田间布局

小西瓜亩定植嫁接苗 350 ~ 400 株，自根苗 450 ~ 550 株，株距 50 ~ 60 厘米。藜蒿按畦面 1.2 米宽整地，一般亩须种苗 250 ~ 300 千克。插条剪成 8 ~ 10 厘米长，开浅沟，按株距 7 ~ 10 厘米靠放在沟的一侧。

（四）栽培技术要点

1. 超甜小西瓜

（1）选择品种

早春红玉、万福来、拿比特。

（2）培育壮苗

①营养土的配制：按 7 ： 3 的比例，将冬翻冬凌的园土与充分腐熟的有机肥拌匀，堆制、腐熟后，可做营养土，播前装钵备用。②种子处理和催芽：播种前将种子摊晒 1 ~ 2 天，提高种子发芽率和发芽势。用 55℃ 温水浸种 10 分钟，让水温自然降低后，再浸种 3 ~ 4 小时，捞出在 25℃ ~ 30℃ 的温度催芽。③播种：播种前铺设电加温线（70 瓦 / 平方米），苗床浇透底水，通电升温（25℃），每钵播种 1 粒，播籽后薄盖细土 1 ~ 2 厘米，及时盖好地膜，搭好内棚保温。每亩用种 25 ~ 50 克。④苗床管理：苗期采取分段变温管理。出苗前温度保持在 28℃ ~ 30℃，待 70% 种子出土后，揭掉地膜，适当降温防徒长，以白天 25℃、夜间 18℃ 左右为宜。当第一片真叶展开后，适当升温，促生长，温度以白天 28℃ 左右、夜间 20℃ 左右为宜，同时要注意改善光照条件。移植前 5 ~ 7 天降温炼苗，提高瓜苗的适应性。嫁接育苗：大中棚小西瓜连作栽培时，必须采用嫁接防病措施。嫁接方法为砧木（葫芦苗）播种后 15 天，西瓜播种后 8 天，在砧木第一片真叶展开，小西瓜子叶展开并开始露心时，采用顶插嫁接，即当砧木第一片真叶展开时，切除生产点处，用特制签自子叶顶端由上而下插一小穴，深约 1.5 厘米，然后将事先准备好的子叶尚未展开的西瓜接穗苗的下胚轴削成双切面楔形，立即插入砧木穴内，使其紧密相接即成。嫁接尽可能选晴天进行。嫁接后 3 ~ 4 天不必通风，白天保持 25℃ ~ 28℃，晚上 20℃ ~ 22℃，遮光、保湿、保温，1 周后逐渐接受散射光，苗子成活后，白天气温 25℃ ~ 30℃，晚上 15℃，保持一定昼夜温差，防止徒长。

（3）适时定植

嫁接后超甜小西瓜苗龄一般在 25 天以上，2 月下旬或 3 月上旬，当大中棚内 10 厘米以下土温在 15℃ 时，抢晴天定植。亩定植嫁接苗 350 ~ 400 株，自根苗 450 ~ 550 株，株距 50 ~ 60 厘米，用 0.2% 磷酸二氢钾液浇足定根水。重茬田块应进行土壤消毒后方可定植。瓜苗定植后，及时搭好内棚，密闭 4 ~ 5 天，以利保湿增温促发苗，如遇高温可在中午开启大、中棚通风即可。

（4）田间管理

①摘心整蔓

一般在瓜苗长到 5～7 叶时开始摘心，每株只留 3～4 条健壮的侧蔓，所留侧蔓上第 1～10 节位的侧枝也要及时摘除，保证每亩瓜田只留侧蔓 1200～1500 条。

②温湿度管理

伸蔓期大棚以保温保湿为主，大棚内最高温控制在 35℃ 内，适时通风透光，晴天先开下风口，再开上风口，防高温烧苗，同时注意防止低温冻害；坐果期白天应加大通气量，棚内温度以 25℃ 为宜。

③坐瓜留果

采用人工辅助授粉提高坐果率。一是人工授粉，即每天早上 6 时至 10 时，取雄花在开放的雌蕊上轻涂。二是放养蜜蜂，进行昆虫传粉。超甜小西瓜于 13 节左右（第二雌花）开始留瓜，1 蔓 1 瓜，每株一次可留瓜 3～4 个，平均单瓜重 1～1.5 千克。

④肥水管理

底肥：以有机肥为主，亩施腐熟农家肥或土渣肥 2000～3000 千克，硫酸钾复合肥 40～50 千克。追肥："苗肥轻"，一般瓜苗期叶面喷施 0.2% 磷酸二氢钾，10 天 1 次，共 3 次；"果肥重"，当幼果长到鸡蛋大小时，打孔追施膨瓜肥，亩施硫酸钾复合肥 15～20 千克溶液。水分管理：一般前期不旱不浇水，坐果后，视土壤墒情打孔穴灌。

⑤病虫防治

苗期病害主要为猝倒病，生长期病害较多，主要有枯萎病、疫病、炭疽病。

（5）适时采收

小西瓜一般在花后 36 天以上即可成熟，或成熟瓜卷须变黄，果皮条纹清晰，有光泽，用手指弹击，声音清脆即为成熟瓜，可采收上市。

采收应在清晨待露水干后进行，采收宜用剪刀剪断瓜蒂，以免拧断瓜蔓。采收后应及时分级包装销售。小西瓜一般在 6 月 20 日左右即可采收完毕。

2. 藜蒿

（1）品种选择

选用生长势强、商品性好、产量高的云南绿秆藜蒿。

（2）整地做畦

深耕细整，按畦面 1.2 米宽整地，同时喷施除草剂以防杂草，除草剂可选用 48% 拉索，亩用量 200 毫升；或 48% 氟乐灵，亩用量 100～150 毫升。

（3）扦插定植

一般亩须种苗 250 ~ 300 千克。7 月上旬待留种田成株木质化后，去掉上部幼嫩部分和叶子，剪成 8 ~ 10 厘米长的插条，开浅沟，按株距 7 ~ 10 厘米靠放在沟的一侧，生长点朝上，边排边培土，培土深度达插条的 2/3，扦插完毕，浇 1 次透水。覆盖遮阳网，降低田间温度。经常保持土壤湿润，3 ~ 4 天即有小芽萌发。

（4）田间管理

①施肥：一般亩施腐熟有机肥 3000 千克，饼肥 100 千克。出苗后当幼苗长到 2 ~ 3 厘米，用清粪水提苗，粪和水的比例为 1 ∶ 5。当幼苗长到 4 ~ 5 厘米时，亩追施尿素 10 千克，以后每收 1 次，施 1 次肥，方法同上。②灌水：要经常保持畦面湿润，浇水施肥同时进行，每施 1 次肥浇 1 次水，浇水宜多勿少。灌水以沟灌渗透为好，尽量不浇到畦面。③中耕除草：出苗后中耕 1 ~ 2 次，便于土壤疏松和透气，如有杂草一定要及时清除，以免影响幼苗生长。④间苗：幼苗长到 3 厘米左右时，要及时间苗，使每蔸保持 3 ~ 4 株小苗。

（5）采收

当藜蒿长到 10 ~ 15 厘米，根据市场需求，地上茎未木质化便可采收上市。收割时，将镰刀贴近地面将地上茎割下。气温适宜 30 天收割 1 次，气温低时 50 天左右收割 1 次。藜蒿采收分为 3 次：8 月上旬为第一次，亩可采收毛藜蒿 400 千克；9 月中旬为第二次，亩采收鲜藜蒿 800 千克；11 月中旬为第三次，亩采收鲜藜蒿 1200 千克。如须供应元旦春节市场，应及时加盖中小棚防冻保温，2 月以前还可收获 1 ~ 2 次。

（6）留种

留种田一般在采收第三次后，追肥灌足水后，任其生长，待成株木质化后，成为下季栽培的插条。或加盖竹中棚，收获 1 ~ 2 次后再留种。

二、春毛豆—夏毛豆—冬萝卜（红菜薹）

（一）产量效益

春毛豆亩产 500 千克，亩产值 3500 元。夏毛豆亩产 800 千克，产值 1500 元。冬萝卜亩产 3000 千克，产值 4000 元，或红菜薹亩产 1570 千克，产值 4000 元。折算三季亩产值 9000 元以上。

（二）茬口安排

春毛豆 2 月 5—10 日播种，5 月 18—27 日分 3 批采收。夏毛豆 5 月 29 日至 6 月 2 日播种，8 月 13—18 日分 3 批采收。冬萝卜 9 月下旬至 11 月上旬播种，1 月采收。红菜薹

8月15—20日播种，10月中旬至翌年元月下旬采收。

（三）田间布局

2米包沟开厢，春毛豆，每亩用种7.5千克，株距19.8厘米，行距26.4厘米，每穴2～3粒。夏毛豆，亩用种5～7.5千克，株距27厘米，行距39.6厘米。秋冬萝卜，按畦包沟1米做成高畦，每穴点籽1～2粒，穴距20～25厘米，每畦点两行，每亩种植5500～6000穴，用种量80～90克。红菜薹，按2米宽包沟整成高畦，畦沟宽0.3米，畦沟深0.25米，四周抽好围沟，畦长每隔20～30米，一般每亩3000～3500株，每畦栽4行，株行距为30厘米×（40～50）厘米。

（四）栽培技术要点

1. 春毛豆

（1）品种选择

应选择耐寒性强、生育期短的品种，如：早冠、95-1、特新早、龙泉特早等。

（2）施足底肥，精细整地

2月初开始施底肥，亩施复混肥50千克、碳酸氢铵50千克。施足底肥后机耕2次，2米带沟开厢，做到厢面平整。

（3）适时播种

2月5—10日，抢晴播种，播种后，用芽前除草剂拉索喷雾1次，然后覆盖地膜，四周盖严实，利于保温、防鼠害。

（4）出苗期管理

要注意及时补苗，保证全苗。如遇幼苗干旱，选择雨天揭膜浇水。当幼苗长出2层对叶时开始顶地膜，此时注意防高温烧苗。当气温较低、白天太阳光照不强烈时，要做到白天揭膜，晚上盖膜。在气温稳定在15℃以上、幼苗对叶2～3层时，在傍晚揭膜露苗。3月20日后完全揭膜，要及时松土紧根，同时可喷施磷酸二氢钾液2～3次。注意抗旱排渍。

（5）开花结荚期田间管理

当早熟毛豆生长到5～6层叶后，开始现蕾开花，顺序由下而上，4月中下旬为开花期。此时要按照"干开花"的原则，清理厢沟、围沟，降低湿度，喷坐果灵1次，保花蕾。早毛豆长出7～8层真叶时，进入结荚期，结荚顺序由下而上。结荚期管理是早毛豆生产的关键时期，关系到早毛豆的产量和品质。此时，如遇干旱，要灌1次跑马水，有利于豆荚迅速鼓起。早毛豆要分批采摘。

（6）病虫防治

主要加强霜霉病的防治。

2. 夏毛豆

（1）品种选择

选择适应性强、耐热、高产品种，如：豆冠、K新绿、满天星、绿宝石、长丰九号等。

（2）施足底肥，精耕细作

春毛豆收获后，5月下旬施底肥，亩施复混肥50千克、碳酸氢铵50千克。机耕两次，2米带沟开厢，做到厢面平整，无杂草。

（3）前期田间管理

5月底至6月初播种。播种后用除草剂拉索喷雾1次，预防杂草。厢沟、围沟要清通。出苗后要及时中耕除草两次。

（4）中后期田间管理

湿促干控，促控结合，在开花前搭好丰产苗架。中熟毛豆于6月下旬至7月初开花，此时要按照"干开花"的原则，清好厢沟、围沟，除净田间杂草，利于通风透光，防止花蕾脱落。7月下旬进入结荚期，此时要本着"湿结籽"的原则，保持田间湿润，遇旱灌跑马水1次，提高结荚率，增产增效用磷酸二氢钾400倍液连续3天于下午喷雾，以利2粒以上豆荚正常生长，减少单粒豆荚，保证鲜荚质量。

（5）病虫防治

主要虫害有豆荚螟和斜纹夜蛾。

3. 冬萝卜

（1）整地做畦，施足基肥

选择土层深厚，疏松肥沃，排灌方便，轮作2～3年的地块。一次性施足底肥，每亩深施腐熟有机肥3000千克，进口复合肥30千克，或进口复合肥150千克，饼肥100千克，结合整地撒施。在6米或8米的大棚内，按畦包沟1米做成高畦待播。

（2）适时点播，地膜覆盖

采取穴播，每穴点籽1～2粒，穴距20～25厘米，每畦点两行，每亩种植5500～6000穴，用种量80～90克。播后用细土覆盖0.5厘米厚。播期在11月上旬，应盖地膜保温。地膜要求拉紧贴地面，四周用土压实。

（3）田间管理

①适时查苗、定苗：播后3～5天齐苗，地膜覆盖种植的，此时要及时破地膜，用手指钩出一个小洞，使小苗露出膜外，一星期后对缺株穴立即补播。萝卜开始破白后，用湿

土压薄膜破口处,既可防风吹顶起,又能增温保湿。幼苗 2 ～ 3 片叶时间苗,4 ～ 5 片真叶定苗,每穴留壮苗 1 株。②肥水管理:在施足基肥的基础上,追肥在萝卜破白露肩时分别用速效氮肥追施 1 ～ 2 次,每次亩施尿素或腐熟人粪尿 500 千克,施肥时切忌离根部太近,以免烧根。肉质根膨大期间,每亩施一次进口复合肥 10 千克。生长期间,土壤如过干,可选择晴天午后灌跑马水,田间切勿积水过夜或漫灌。若气候干燥,特别是萝卜肉质根膨大期间应及时补充水分。同时,防止田间积水,雨后及时排渍,以防止肉质根腐烂和开裂。③病虫害防治:加强对黑腐病、病毒病、黑斑病、霜霉病、软腐病及小菜蛾、菜青虫、甜菜夜蛾等主要病虫害的防治。④盖棚保温:11 月中下旬气温降至 15℃以下时应及时盖大棚膜增温。

（4）采收

收获期 2 月上旬至 2 月中旬。一般播后 90 天左右采收。可根据市场行情,提前或延后 10 ～ 15 天采收,收获时注意保护肉质根,应直拔轻放,防止损伤肉质根影响外观。

4.红菜薹栽培要点

（1）品种

选用紫婷、龙秀佳婷等优质早、中熟品种。

（2）施足底肥、按时追肥

大田底肥以有机肥为主,要求每亩施 3000 千克腐熟厩肥,第一次追肥在移栽活苗后及时追施,用 50 千克腐熟人畜粪兑 450 千克水追肥,或每亩用 10 千克尿素追施（每 50 千克水兑尿素 75 克）。薹期追肥逐渐加重,每亩追施复合肥 20 ～ 25 千克,并适当增施磷、钾肥。

（3）病虫害防治

加强对黑腐病、病毒病、黑斑病、霜霉病、软腐病及小菜蛾、菜青虫、甜菜夜蛾等主要病虫害的防治。

三、春苦瓜—菜用甘薯—冬莴苣

（一）产量效益

该模式每亩产苦瓜 4000 ～ 5000 千克,产值 7000 元。每亩产菜用甘薯 4000 ～ 5000 千克,产值 10 000 元。每亩产冬莴苣 3000 千克,产值 3000 元。全年实现每亩总产值 20 000 元,纯收入 16 000 元。

（二）茬口安排

2月上中旬播种育苗苦瓜，3月中下旬在大棚两边定植，5月中旬至10月下旬收获。菜用甘薯3月中下旬在棚内扦插，4月中下旬至10月上旬收获。冬莴苣9月上中旬播种育苗，10月中下旬定植，翌年1—2月收获。

（三）田间布局

苦瓜，深耕20～30厘米，按畦高20厘米，畦宽30厘米做畦，每亩定植250～300株。菜用甘薯，厢长不超过20米，厢宽1.20米，沟深25厘米，沟宽30厘米，一般每亩定植1.2万株左右为宜，株距18～20厘米，行距25厘米。冬莴苣，行株距（40～45）厘米×（35～40）厘米，亩栽3500～5000株。

（四）栽培技术要点

1. 春苦瓜

（1）选择优良品种

选择抗病、优质、高产、耐贮运、商品性好、适合市场需求的品种，如：绿秀、台湾大肉、春夏5号、碧玉、翡翠苦瓜等。

（2）施足肥整好畦

结合整地，每亩施腐熟农家肥或生物有机肥2000～3000千克，三元复合肥20～30千克做底肥，肥料宜入土15～20厘米，做到土肥相融。深耕20～30厘米，按畦高20厘米，畦宽30厘米做畦。畦面土壤要求达到平、松、软、细的要求。

（3）培育壮苗

每亩用种量200克。采用温水浸种，将种子放入约55℃热水中，维持水温稳定浸泡15分钟，然后保持约30℃水温继续浸泡18～22小时，用清水洗净黏液后即可催芽。浸泡后的种子沥干水后用纱布包好，在28℃～33℃条件下保湿催芽，种子每天冲洗并翻动一次，70%左右的种子露白时即可播种。营养土选用2年内没有种过瓜类作物的沙壤土为好。土壤选好后先做好翻晒、细碎，然后按土肥质量比4：1的比例加入充分腐熟的农家肥，并加入1%的钙镁磷肥和0.2%的复合肥。每立方米营养土用70%的代森锌可湿性粉剂60克或50%的多菌灵可溶性粉剂40克撒在营养土上，混拌均匀，然后用塑料薄膜覆盖2～3天，掀开薄膜后即可装入塑料营养钵或营养盘待用。根据栽培季节和习惯，可在塑料棚、温室或露地育苗。播种前一天将营养土浇透水，每钵或每孔点播1粒已发芽的种子，种子上盖0.5厘米厚的细土。早春育苗的在苗床或盘面上先盖一层地膜，再用小拱棚防寒。夏季育苗的在盘面上用双层遮阳网遮盖。有条件的可采用工厂化育苗并进行嫁接。保持苗床湿润，畦面见白时及时浇水，早春育苗宜在晴天 11 ~ 15 小时浇水，夏季育苗宜在早晚浇水。苗期可追施 10% 腐熟人粪尿 2 ~ 3 次，0.2% 磷酸二氢钾叶面肥 2 ~ 3 次。苦瓜早春育苗要保暖增温，白天温度控制在 20℃ ~ 30℃，夜间温度控制在 15℃ ~ 20℃。定植前 7 天适当降温通风，夏季逐渐撤去遮阳网，适当控制水分。

（4）适时规范定植

壮苗标准：早春苗龄 35 天，株高 10 ~ 12 厘米，茎粗 0.3 厘米左右，3 ~ 4 片真叶，子叶完好，叶色浓绿，无病虫害。早春棚内 10 厘米最低土温稳定在 15℃ 以上为定植适期，一般在 3 月中下旬。按畦高 25 厘米、畦宽 30 厘米，整畦覆膜，每亩定植 250 ~ 300 株。

（5）科学田间管理

①温度管理：缓苗期白天 25℃ ~ 30℃，晚上不低于 18℃。开花结果期白天 25℃ 左右，夜间不低于 15℃。②光照管理：大棚宜采用防雾滴膜，保持膜面清洁。③水分管理：缓苗后选择晴天上午浇一次缓苗水，保持土壤湿润，相对湿度大时减少浇水次数，遇干旱时结合追肥及时浇水，浇水时力求均匀，根瓜坐住后浇 1 次透水，以后 5 ~ 10 天浇 1 次水，结瓜盛期加强浇水。生产上应通过地面覆盖、滴灌、通风排湿、温度调控等措施，使土壤湿度控制在 60% ~ 80% 之间。多雨季节做好清沟排渍工作，做到雨住沟干。④追肥管理：根据苦瓜长势和生育期长短，按照平衡施肥要求施肥，适时追施氮肥和钾肥。同时喷施微量元素肥料，根据需要可喷施 0.2% 磷酸二氢钾等叶面肥。定植成活后，每隔 5 ~ 7 天每亩追施 1 次 10% 腐熟人粪尿 1000 千克，摘第一条瓜时，每亩深施 2000 千克腐熟猪牛粪，盛果期时每隔 7 ~ 10 天追施 0.2% 磷酸二氢钾叶面肥和 30% 腐熟人粪尿每亩 1000 千克或复合肥 30 千克。⑤爬蔓管理：宜在棚高 1.8 米处系上爬藤网，将瓜蔓牵引至爬藤网上。整枝：以主蔓结瓜为主，摘除 100 厘米以下的所有侧蔓。打底叶：及时摘除病叶、黄叶和 100 厘米主蔓以下的老叶。⑥人工授粉：头天下午摘取第二天开放的雄花，放于约 25℃ 的干爽环境中，第二天 8:00 ~ 10:00 时去掉花冠，将花粉轻轻涂抹于雌花柱头上，每朵雄花可用于 3 朵雌花的授粉。⑦病虫害防治：主要病害有霜霉病、白粉病、枯萎病。主要虫害有瓜野螟、烟粉虱。霜霉病用 72% 克露 500 倍液或 72.2% 霜霉威 800 倍液，白粉病用 30% 醚菌酯 1500 倍液，枯萎病用 99% 噁霉灵 3000 倍液，瓜野螟用 1% 甲维盐 2000 倍液或烟粉虱用啶虫隆 1500 倍液喷雾。

（6）及时采收

及时摘除畸形瓜，及早采收根瓜，当瓜条瘤状突起十分明显，果皮转为有光泽时便可采收，采收完后清理田园。

2. 菜用甘薯栽培技术

（1）选择优良品种

选择腋芽再生能力强，节间短，分枝多，较直立，茎秆脆嫩，叶柄较短，叶和嫩梢无茸毛，开水烫后颜色翠绿，有香味、甜味，无苦涩味，口感嫩滑，适口性好，植株生长旺盛，茎尖产量高的品种。

（2）选好地整好畦

选择交通便利、土地平整、土壤结构好、肥力水平高、排灌方便、3年内没种甘薯的田块。要施足基肥，精细耕整，做到土层细碎疏松，干湿适度。为了管理和采摘方便，厢长不超过20米，厢宽1.20米，沟深25厘米，沟宽30厘米。厢沟、腰沟、围沟三沟畅通，排灌方便。

（3）培育壮苗，合理密植

采用扦插繁殖的办法，即剪取15厘米左右薯藤，留3个节，基部剪成斜马蹄形，去叶，株行距10厘米×10厘米，扦插后浇水，盖膜，保温促长，25～30天根系发育好后，择壮苗定植。也可直接定植于大田待日平均气温稳定在10℃以上，适时早插，选用茎蔓粗壮，叶片肥厚，无气生根，无病虫危害薯藤，剪取4～5节薯藤段，斜扦插入土2～3节，外露1～2节扦插后浇水紧土，保持土壤湿润。一般每亩定植1.2万株左右为宜，株距18～20厘米，行距25厘米。

（4）科学施肥，早发快长

基肥以腐熟人粪尿、厩肥或堆肥等为主，每亩施腐熟农家肥2000～3000千克或生物发酵鸡粪400千克，配合复合肥100千克。追肥应以人粪尿和氮肥为主，大肥大水促进茎叶生长。菜薯生长前期植株小，对肥料需求少，宜在扦插后7～10天，每亩用10%的腐熟人粪尿1000千克浇施。扦插后20天和30天，两次结合中耕除草，每亩用10%的腐熟人粪尿1000千克加配10千克尿素、4千克氯化钾浇施。采摘期，每隔20天补1次肥，在采摘和修剪后及时施肥，一定要注意待伤口干后再施，促进分枝和新叶生长。

（5）调控温湿光，提高产品品质

菜用甘薯对温度、水分和光照要求较高，采用小水勤浇措施，有条件的可采用喷灌补水，保持土壤湿度80%～90%，茎叶在18℃～30℃范围内温度越高生长越快，但高于30℃，生长缓慢，且易老化。光照过强易使茎叶纤维提前形成，含量增加。在高温强光情况下，在苦瓜藤架下遮阴降温，可提高菜用甘薯食用品质。

（6）适时采摘，及时修剪

菜用甘薯成活后，有5～6片叶时立即摘心，促发分枝。封行后及时采摘生长点以下

12厘米左右鲜嫩叶上市,以后每隔10天左右采摘1次,由于菜用甘薯产品为幼嫩茎叶,含水量大,易失水萎蔫,要保持较高的产品档次,应适时采收、及时销售。为保证菜用甘薯田间生长通风透光,提高产量和产值,必须进行修剪。首次修剪时间应在第三次采摘完后及时进行,修剪必须保留株高10~15厘米内的分枝,每株从不同方向选留健壮的萌芽4~5个,剪除基部生长过密和弱小的萌芽,以后每采摘3~4次修剪1次。保证群体的透光和营养的集中供给。

（7）综合防治病虫

主要病虫害有甘薯麦蛾、斜纹叶蛾,可用多沙霉素等进行防治。采收时注意安全间隔期。

（8）安全越冬

菜用甘薯安全越冬方法有两种:薯苗大棚种植越冬和薯种贮藏越冬。建立留种田,不采摘薯尖,像普通甘薯那样生产薯种。在打霜前挖种并晾晒2~3天,用稻草或麦秆垫底,分层存放。应注意不能用薄膜覆盖,晾晒时,晚间要覆盖薯藤,存放的薯块不能沾水。

3.冬莴苣栽培技术

（1）选用良种

越冬栽培的莴苣应选用耐寒、优质、早熟、高产、抗病的品种,如:竹叶青、雪里松、种都五号、挂丝红等。

（2）播种育苗

亩用种量25~50克。选择排水良好,阳光充足的田块育苗。种子用温水浸种6小时左右,放置冰箱冷藏室内或吊在水井里,在8℃~20℃的条件下处理24小时,然后把种子放置室内,1~2大种子露白后播种,秧龄25天左右,叶龄5~6叶期,为移栽定植的适宜时期。

（3）施足基肥,移栽定植

莴苣产量高,需肥量大,须施足基肥,一般每亩施腐熟有机肥4000千克,复合肥50千克,于移栽前7~10天施入。秧苗5~6叶期定植,行株距（40~45）厘米×（35~40）厘米,亩栽3500~5000株。

（4）田间管理

莴苣生长需较冷凉的气候条件,一般在11月中旬最低气温接近0℃时进行大棚覆膜,在最低气温达-2℃时覆盖内大棚膜,既可避免棚内温度偏高引起窜薹,又可防止低温冻害。

（5）病虫害防治

大棚莴苣主要病害是霜霉病与灰霉病,主要虫害是蚜虫。霜霉病可用72%杜邦克露600~800倍、58%甲霜灵锰锌500倍等农药喷雾防治,灰霉病可用万霉灵800~1000倍、25%扑瑞风600~800倍等农药喷雾防治,蚜虫可用10%一遍净（吡虫啉）1000倍、1%杀虫素1500倍等农药喷雾防治。

（6）采收

莴苣主茎顶端与植株最高叶片的叶尖相平时为收获适期，这时茎部已充分肥大，品质脆嫩，产量最高，为最佳采收期。

第三节 种养结合模式

一、稻鸭共育技术

（一）效益

稻鸭共育技术，不仅可以节省农药、化肥、鸭饲料等方面投入，同时促进水稻增产，品质提高，促进稻田综合效益提高，减少稻田生态环境污染，每亩节本增效 150 元左右。

（二）田间布局

①中稻每亩放养量 12 只，早稻每亩放养量 10 只左右，晚稻每亩不超过 10 只。②中稻大田移栽密度，一般杂交稻为 16.5（宽 26.5）厘米 ×13.3 厘米，常规稻移栽密度为 16.5 厘米 ×20 厘米。③早稻大田移栽密度，一般常规稻为 10 厘米 ×20 厘米为宜，杂交稻为 13 厘米 ×23 厘米为宜。④晚稻大田移栽密度，一般为 12 厘米 ×16 厘米为宜。

（三）中稻田稻鸭共育技术要点

1. 准备阶段（4 月上旬至下旬）

①选择品种。水稻选择优质、抗倒、抗病品种，如：广两优香 66、丰两优 1 号、扬两优 6 号等。鸭品种选择绍兴鸭及其配套系、荆江麻鸭、金定鸭、杂交野鸭等。②选择地点。选水源充足，田间有水沟，排灌方便，无污染，符合无公害生产的稻田。③确定规模。以 10 亩左右稻田为一单元，每亩 12 只鸭左右，并根据规模落实稻种和鸭苗数量、种源及时间。④落实配套设施。准备育雏场地、鸭棚、围网、竹竿、频振灯等设施。围网网眼孔径以 2 厘米 ×2 厘米（约两指）为宜。频振灯按 50 亩准备 1 盏；鸭棚按每平方米养鸭 10 只备足物资。⑤繁殖好绿萍。

2. 分育阶段（4 月下旬至 6 月中旬）

（1）安装好设施

放鸭之前搭好鸭棚，建好围网，围网高度 60 厘米左右，安装频振灯。

（2）水稻管理

①适时播种，培育壮秧。②开好三沟，施足底肥，注重施用有机肥、沼气肥。适时移栽，规格插植，插足基本苗。③早施返青分蘖肥。

（3）养鸭管理

①浸种前 5～7 天，种蛋入孵，水稻插秧前 7 天购回 1 日龄鸭苗。②雏鸭饲养密度，每平方米饲养 25～30 只。③育雏温度，3 日龄前温度保持 28℃～30℃，4～6 日龄 26℃～28℃，7～12 日龄 24℃～26℃。④雏鸭出壳 20～24 小时，即可先"开水"，"开水"后半小时"开食"，每只鸭子六七分饱即可。⑤喂料：小型蛋鸭及役鸭第一天 2.5 克，以后每天每只增加 2.5～3.0 克。10 日龄前喂料 6～7 次 / 天，其中晚上 1～2 次。10～15 日龄喂料 5～6 次 / 天，其中晚上 1 次。每次喂料吹哨，建立条件反射。⑥育雏分群，40～50 只为一小群。⑦保持饲养器具清洁，鸭舍干燥，温度均匀，防止雏鸭"打堆"。⑧预防细菌性疾病：每 100 千克饲料拌入 5～7 克土霉素，连用 3～4 天，停药 2 天，间断用药。前 3 天饮水中加入 50～70 毫克 / 千克恩诺沙星。⑨免疫：1 日龄接种鸭肝炎（若种鸭已接种，则 7～10 日龄接种），7 日龄接种浆膜炎，10 日龄接种禽流感，15 日龄接种鸭瘟。⑩驯水：雏鸭 4 日龄下水，4～5 日龄一次下水 10 分钟，羽毛不能全打湿，一次驯水时间 2 小时内，6 日龄后自由下水。

3. 共育阶段（6 月中旬至 8 月中旬）

（1）水稻管理

①水稻移栽返青后，及时放萍。②选用毒死蜱等无公害农药，防治稻纵卷叶螟、螟虫等。③水稻分蘖期，稻田保持浅水层，水深以 5 厘米为宜。④适时适度晒田：当苗数达到预期穗数的 80% 时开始晒田，总苗数控制在有效穗数的 1.2～1.3 倍，以落干搁田为主。⑤酌情补施穗肥。⑥破口前 7～10 天喷施井冈霉素，破口期喷施三唑酮，预防穗期综合征。

（2）养鸭管理

①水稻移栽后 5～7 天，放鸭入田。②补料：小鸭 15～25 日龄补配合料，每只每天补料 50 克。25 日龄后，补喂杂谷或混合饲料，每只每天补料 50～70 克，每天分早晚定时两次补料，早补日补量的 1/3、晚补 2/3。③25～30 日龄接种禽霍乱菌苗。④50 日左右龄驱虫一次。⑤主要防天敌和中暑。⑥暴风雨前及时将鸭群收回鸭棚。⑦经常巡查围网，

清点鸭数，根据稻田饵料与鸭群生长发育状况，调整补料数量与质量，及时妥善处理死鸭。肉鸭出田前15天，每只鸭每天补料130克，并提高补料能量，以利催肥。

4. 后期阶段（8月下旬至9月下旬）

①水稻齐穗后鸭子及时出田，肉鸭适时上市。挑出体轻个小的关养，增加喂料量，促进发育整齐。②水稻干干湿湿灌水，不要断水过早，以收获前7天断水为宜。③注意防治病虫害。④及时收获，机收机脱，提高稻谷外观品质。

（四）双季稻田稻鸭共育技术

1. 早稻稻鸭共育注意事项

①采用强氯精浸种，防治恶苗病。②早期气温低，杂草生长慢，稻田饵料少，可降低鸭子放养数量，每亩10只左右为宜。③早稻共育期短，做肉鸭上市出田后要集中催肥，或集中圈养作为晚稻役鸭。

2. 双晚稻鸭共育注意事项

①用早稻田共育鸭作为役鸭的晚稻田，应适当推迟鸭子进田时间，以移栽后15天左右进田为宜，每亩放养量不超过10只。②放养雏鸭的晚稻田，应在晚稻浸种前10天种蛋入孵，大田移栽后5～7天放入20龄以上的鸭苗。③注意鸭棚遮阴，降温防暑。④遇暴风雨时，及时收鸭入棚，防风防雨。

二、稻蟹共生技术

（一）效益

稻田养蟹，稻蟹共存互利，蟹可为稻田除虫、除草、松土、增肥，稻田可以给蟹提供良好的栖息环境。该种模式对水稻单产影响不大，每亩产商品蟹20～30千克，能连片上规模，并配上频振灯诱蛾，能生产出有机蟹和有机大米。

（二）田间布局

每块稻田大小无严格要求，面积一般5亩以上，集中连片种养。一般2—3月每亩放养规格为100～200只/千克的二龄蟹400～800只；3月下旬至4月初放养规格为20 000只/千克的豆蟹苗5000只。

（三）主要技术要点

1. 稻田改造

（1）稻田准备

养蟹稻田应选择靠近水源、水质良好无污染、灌溉方便、保水性能良好，且通电通路的稻田为养蟹田。

（2）开好殖沟

通常由环沟、田间沟两部分构成，一般占稻田面积的 20% ~ 30%。环沟：在田埂四周堤埂内侧 2 ~ 3 米处开挖，宽 1.5 米左右、深 1 米、坡比 1∶2 成环形。田间沟：每隔 20 ~ 30 米开一条横沟或十字形沟，沟宽 0.5 米、深 0.6 米、坡比 1∶1.5，并与环沟相通。

（3）加固加高田埂

用养殖沟中取出的土来加固田埂，田埂一般比稻田高出 0.5 米以上，埂面宽 1.2 米，底部宽 6.5 米。

（4）修好灌水排水门和防逃墙

灌排水闸门不留缝隙，并在闸门内加较密铁丝网，防逃墙一般要求高出田面 0.5 米。

（5）整池消毒

田间工程完成后先晒田，再消毒，蟹苗放养前 15 天，灌水到田面 10 厘米，每亩田用 75 ~ 150 千克生石灰消毒。

（6）施足底肥

在蟹苗放养 7 天前，亩施腐熟有机肥 2000 千克，复合肥 30 千克，以确保水稻生长需要，同时也可以培育水质，培养基础饲料。

（7）移植水草

在养殖沟内移栽一定数量的黄丝草、伊乐藻等水生植物，作为蟹苗饲料和寄居地，并净化水质。

2. 蟹苗的投放与管理

（1）投苗

一般 2—3 月选择晴暖天气投苗，每亩放养规格为 100 ~ 200 只/千克的二龄蟹 400 ~ 800 只，或 3 月下旬至 4 月初放养规格为 20 000 只/千克的豆蟹苗 5000 只。为了改善水质，每亩可放白鲢 10 ~ 20 尾。

（2）饲料投喂

养蟹饲料来源较广，植物性饲料有米糠、玉米粉、稻谷、浮萍等；动物性饲料有小细鱼、鱼粉、蚯蚓、猪血、动物内脏等。前期动物和植物性饲料按 2∶1 投喂，中后期按 1∶1

投喂。投饲应定时、定位，一日两次（8: 00 ~ 9: 00时，16: 00 ~ 17: 00时），灵活掌握，整个饲料期间须投青饲料不断，可在稻田返青前向田中投一定量的浮萍，让其生长，也可充分利用田埂种些南瓜，不仅能解决中后期青饲料的供给，且能省人力、降成本。

（3）水质管理

始终保持水质清晰，要经常保持田间水深8 ~ 10厘米，不可任意变换水位或脱水烤田。6—7月每周换水一次，8—9月每周换水2 ~ 3次，9月以后5 ~ 10天换水1次。

（4）病害防治

坚持预防为主，防重于治。饲养期间每10天在沟中施一次生石灰，用量5 ~ 10克/立方米，在饲料中不定期添加复合维生素，100千克饲料添加8克，连喂3 ~ 5天。对老鼠、水蛇、青蛙等敌害要及时捕杀。此外，还须做好防洪、防台风、防偷、防逃等工作。

3. 水稻移栽和管理

（1）品种选择

应选生长期长、秸秆粗壮、耐肥力强、抗倒伏和抗病力强的水稻品种。

（2）大田栽插

选用旱育秧方式培育壮苗，于4月中旬或6月上旬将大田翻耕平整栽插。

（3）稻田管理

主要抓施肥、除草、除虫、晒田等管理。除草主要是除稗草，用人工拔草，禁用除草剂。治虫一般不用药，万一用药时应选高效低毒农药，采用叶面喷雾法防治。晒田宜采取降水轻搁，水位降至稻田出面即可。

4. 收获捕捞

当水稻成熟收割时，降水将蟹引入沟中，再收割水稻。河蟹收获视气候变化而定，气温偏高适当推迟，气温低可提前，总的原则是宜早不宜迟。捕捞方法是利用河蟹生殖洄游的习性，每天晚上用手电徒手在岸边抓，此法可捕获80%。若养蟹田中又混养了鱼虾，则虾用抄网在沟中捞捕，鱼则用拉网在沟中捞捕，然后排干沟水，捉鱼摸蟹。所捕的鱼虾蟹可立即销售，也可利用营养池或另外的池塘、河道暂养，选择时机陆续销售。

三、稻虾共生技术

（一）效益

在稻田里养殖淡水小龙虾，是利用稻田的浅水环境，辅以人为措施，既种稻又养虾，以提高稻田单位面积效益的一种经营模式。稻田养殖淡水小龙虾共生原理的内涵就是以废补缺、互利助生、化害为利，在稻田养虾实践中，人们称之为"稻田养虾，虾养稻"。水稻单产 650 千克，收入 1800 元；虾子亩产 60 千克，收入 1200 元，共计亩收入 3000 元。水稻生产投入成本 500 元，虾子养殖投入成本 114 元，纯收入 2380 元左右。

（二）田间工程建设

1. 稻田的选择

①水源。水源要充足，水质良好，排灌方便，农田水利工程设施要配套完好，有一定的灌排条件。②土质。土质要肥沃，以黏土和沙壤土为宜。③面积。面积少则十几亩，多则几十亩，上百亩都可，面积大比面积小更好。

2. 开挖鱼沟

在稻田四周开挖环形沟，面积较大的稻田，还应开挖"田"字形或"川"字形或"井"字形的田间沟。环形沟距田间埂 3 米左右，环形沟上口宽 4 ~ 6 米，下口宽 1.5 米，深 1.2 ~ 1.5 米。田间沟宽 1.5 米，深 0.5 ~ 0.8 米。沟的总面积占稻田面积的 20% 左右。

3. 加高加固田埂

将开挖环形沟的泥土垒在田埂上并夯实，确保田埂高达 1.2 ~ 1.5 米，宽 3 米以上，并打紧夯实，要求做到不裂、不漏、不垮。

4. 防逃设施

常用的有两种：一是安插高 55 厘米的硬质钙塑板作为防逃板，埋入田埂泥土中 15 ~ 20 厘米，每隔 75 ~ 100 厘米处用一木桩固定。注意四角应做成弧形，防止龙虾沿夹角攀爬外逃。二是采用网片和硬质塑料薄膜共同防逃，在易涝的低洼稻田主要以这种方式防逃，用高 1.2 ~ 1.5 米的密眼网围在稻田四周，在网上内侧距顶端 10 厘米处再缝上一条宽 25 ~ 30 厘米的硬质塑料薄膜即可。

稻田开设的进、排水口应用双层密网防逃，同时，为了防止夏天雨季冲毁堤埂，稻田应开设一个溢水口，溢水口也用双层密网过滤。

5. 放养前的准备工作

及时杀灭敌害，可用鱼藤酮、茶粕、生石灰、漂白粉等药物杀灭蛙卵、鳝、鳅及其他水生敌害和寄生虫等。种植水草，营造适宜的生存环境，在环形沟及田间沟种植沉水植物如聚草、苦草、水花生等，并在水面上移养漂浮水生植物如芜萍、紫背浮萍等。培肥水体，调节水质，为了保证龙虾有充足的活饵，可在放种苗前一个星期施有机肥，常用的有干鸡粪、猪粪，并及时调节水质，确保养虾水体保持肥、活、嫩、爽的要求。

（三）主要技术要点

1. 水稻栽培技术要点

（1）水稻品种选择

养虾稻田一般只种一季稻，水稻品种要选择叶片开张角度小、抗病虫害、抗倒伏且耐肥性强的紧穗型品种，目前常用的品种有汕优系列、协优系列等。

（2）施足基肥

每亩施用农家肥200～300千克，尿素10～15千克，均匀撒在田面并用机器翻耕耙匀。

（3）秧苗移植

秧苗一般在6月中旬开始移植，采取条栽与边行密植相结合，浅水栽插的方法，养虾稻田宜提早10天左右。我们建议移植方式采用抛秧法，要充分发挥宽行稀植和边坡优势的技术，移植密度以30厘米×15厘米为宜，确保龙虾生活环境通风透气性能好。

2. 龙虾放养技术

（1）放养准备

放虾前10～15天，清理环形虾沟和田间沟，除去浮土，修正垮塌的沟壁，每亩稻田环形虾沟用生石灰20～50千克，或选用其他药物，对环形虾沟和田间沟进行彻底清沟消毒，杀灭野杂鱼类、敌害生物和致病菌。放养前7～10天，稻田中注水30～50厘米，在沟中每亩施放禽畜粪肥800～1000千克，以培肥水质。同时移植轮叶黑藻、马来眼子菜等沉水植物，要求占沟面积的1/2，从而为放养的龙虾创造一个良好的生态环境。

（2）移栽水生植物

环形虾沟内栽植轮叶黑藻、金鱼藻、马来眼子菜等沉水性水生植物，在沟边种植空心菜，在水面上浮植水葫芦等。但要控制水草的面积，一般水草占环形虾沟面积的40%～50%，以零星分布为好，不要聚集在一起，这样有利于虾沟内水流畅通无阻塞。

（3）放养时间

不论是当年虾种，还是抱卵的亲虾，应力争"早"字。早放既可延长虾在稻田中的生长期，又能充分利用稻田施肥后所培养的大量天然饵料资源。常规放养时间一般在每年8—9月或来年的3月底，也可以采取随时捕捞，随时放养方式。

（4）放养密度

每亩稻田按20～25千克抱卵亲虾放养，雌雄比3∶1。也可待来年3月放养幼虾种，每亩稻田按0.8万～1.0万尾投放。注意抱卵亲虾要直接放入外围大沟内饲养越冬，待秧苗返青时再引诱虾入稻田生长。在6月以后随时补放，以放养当年人工繁殖的稚虾为主。

（5）放苗操作

在稻田放养虾苗，一般选择晴天早晨和傍晚或阴雨天进行，这时天气凉快，水温稳定，有利于放养的龙虾适应新的环境。放养时，沿沟四周多点投放，使龙虾苗种在沟内均匀分布，避免因过分集中，引起缺氧窒息死虾。淡水小龙虾在放养时，要注意幼虾的质量，同一田块放养规格要尽可能整齐，放养时一次放足。

3. 水位调节

水位调节，应以稻为主，龙虾放养初期，田水宜浅，保持在 10 厘米左右，但因虾的不断长大和水稻的抽穗、扬花、灌浆均需大量水，所以可将田水逐渐加深到 20～25 厘米，以确保两者（虾和稻）需水量。在水稻有效分蘖期采取浅灌，保证水稻的正常生长。

进入水稻无效分蘖期，水深可调节到 20 厘米，既增加龙虾的活动空间，又促进水稻的增产。同时，还要注意观察田沟水质变化，一般每 3～5 天加注一次新水，盛夏季节，每 1～2 天加注一次新水，以保持田水清新。

4. 投饵管理

首先通过施足基肥，适时追肥，培育大批枝角类、桡足类以及底栖生物，同时在 3 月还应放养一部分螺蛳，每亩稻田 150～250 千克，并移栽足够的水草，为龙虾生长发育提供丰富的天然饲料。在人工饲料的投喂上，一般情况下，按动物性饲料 40%，植物性饲料 60% 来配比。投喂时也要实行定时、定位、定量、定质投饵原则。早期每天分上午、下午各投喂一次，后期在傍晚 6 时多投喂一次。投喂饵料品种多为小杂鱼、螺蛳肉、河蚌肉、蚯蚓、动物内脏、蚕蛹，配喂玉米、小麦、大麦粉。还可投喂适量植物性饲料，如：水葫芦、水芜萍、水浮萍等。日投喂饲料量为虾体重的 3%～5%。平时要坚持勤检查虾的吃食情况，当天投喂的饵料在 2～3 小时内被吃完，说明投饵量不足，应适当增加投饵量；如在第二天还有剩余，则投饵量要适当减少。

5. 科学施肥

养虾稻田一般以施基肥和腐熟的农家肥为主，促进水稻稳定生长，保持中期不脱力，后期不早衰，群体易控制，每亩可施农家肥 300 千克、尿素 20 千克、过磷酸钙 20～25 千克、硫酸钾 5 千克。放虾后一般不施追肥，以免降低田中水体溶解氧，影响龙虾的正常生长。如果发现脱肥，可少量追施尿素，每亩不超过 5 千克。施肥的方法是：先排浅田水，让虾集中到鱼沟中再施肥，有助于肥料迅速沉积于底泥中并为田泥和禾苗吸收，随即加深田水到正常深度；也可采取少量多次、分片撒肥或根外施肥的方法。禁用对淡水小龙虾有害的化肥，如氨水和碳酸氢铵等。

6. 科学施药

稻田养虾能有效地抑制杂草生长，龙虾摄食昆虫，降低病虫害，所以要尽量减少除草剂及农药的施用，龙虾入田后，若再发生草荒，可人工拔除。如果确因稻田病害或虾病严重需要用药时，应掌握以下几个关键：①科学诊断，对症下药。②选择高效低毒低残留农药。③由于龙虾是甲壳类动物，也是无血动物，对含膦药物、菊酯类、拟菊酯类药物特别敏感，因此慎用敌百虫等药物，禁止用敌杀死等药。④喷洒农药时，一般应加深田水，降低药物浓度，减少药害，也可放干田水再用药，待8小时后立即上水至正常水位。⑤粉剂药物应在早晨露水未干时喷施，水剂和乳剂药应在下午喷洒。⑥降水速度要缓，等虾爬进鱼沟后再施药。⑦可采取分片分批的用药方法，即先施稻田一半，过两天再施另一半，同时要尽量避免农药直接落入水中，保证龙虾的安全。

7. 科学晒田

晒田的原则是："平时水沿堤，晒田水位低，沟溜起作用，晒田不伤虾。"晒田前，要清理鱼沟鱼溜，严防鱼沟里阻隔与淤塞。晒田总的要求是轻晒或短期晒，晒田时，沟内水深保持在 13 ~ 17 厘米，使田块中间不陷脚，田边表土不裂缝和发白，以见水稻浮根泛白为适度。晒好田后，及时恢复原水位。尽可能不要晒得太久，以免虾缺食太久影响生长。

8. 病害预防

龙虾的病害采取"预防为主"的科学防病措施。常见的敌害有水蛇、老鼠、黄鳝、泥鳅、鸟等，应及时采取有效措施驱逐或诱灭之。在放虾初期，稻株茎叶不茂，田间水面空隙较大，此时虾个体也较小，活动能力较弱，逃避敌害的能力较差，容易被敌害侵袭。同时，淡水小龙虾每隔一段时间需要蜕壳一次，才能生长，在蜕壳或刚蜕壳时，最容易成为敌害的适口饵料。到了收获时期，由于田水排浅，虾有可能到处爬行，目标会更大，也易被鸟、兽捕食。对此，要加强田间管理，并及时驱捕敌害，有条件的可在田边设置一些彩条或稻草人，恐吓、驱赶水鸟。另外，当虾放养后，还要禁止家养鸭子下田沟，避免损失。

9. 加强其他管理

其他的日常管理工作必须做到勤巡田、勤检查、勤研究、勤记录。坚持早晚巡田，检查虾的活动，摄食水质情况，决定投饵、施肥数量。检查堤埂是否塌漏，平水缺、拦虾设施是否牢固，防止逃虾和敌害进入。检查鱼沟、鱼窝，及时清理，防止堵塞。检查水源水质情况，防止有害污水进入稻田。要及时分析存在的问题，做好田块档案记录。

10. 收获

稻谷收获一般采取收谷留桩的办法，然后将水位提高至 40 ~ 50 厘米，并适当施肥，促进稻桩返青，为龙虾提供避阴场所及天然饵料来源，稻田养虾的捕捞时间在4—9月均可，主要采用地笼张捕法。

第四章 农作物栽培技术

第一节 水稻栽培技术

一、水稻集中育秧技术

（一）水稻集中育秧的主要方式

①连栋温室硬盘育秧，又称智能温室育秧或大棚育秧。②中棚硬（软）盘育秧。③小拱棚或露地软盘育秧。

（二）技术总目标

提高播种质量（防漏播、稀播），提高秧苗素质（旱育秧，早炼苗），提高成秧率（防烂种、烂芽、烂秧死苗）。

（三）适合于机插的秧苗标准

要求营养土厚2～2.5厘米，播种均匀，出苗整齐。营养土中秧苗根系发达，盘结成毯状。苗高15～20厘米，茎粗叶挺色绿，矮壮。秧块长58厘米，宽28厘米，叶龄三叶左右。

（四）水稻集中育秧技术

1. 选择苗床，搭好育秧棚

选择离大田较近，排灌条件好，运输方便，地势平坦的旱地做苗床，苗床与大田比例为1：100。如采用智能温室，多层秧架育秧，苗床与大田之比可达1：200左右。如用稻田做苗床，年前要施有机肥和无机肥腐熟培肥土壤。选用钢架拱形中棚较好，以宽6～8米，中间高2.2～3.2米为宜，棚内安装喷淋水装置，采用南北走向，以利采光通风，大棚东、南、西三边20米内不宜有建筑物和高大树木。中棚管应选用4分厚壁钢管，顺着中棚横梁，每隔3米加1根支柱，防风绳、防风网要特别加固。中棚四周开好排水沟。整耕秧田：秧田干耕干整，中间留80厘米操作道，以利运秧车行走，两边各横排4～6排秧盘，并留好厢沟。

2. 苗床土选择和培肥

育苗营养土一定要年前准备充足，早稻按亩大田 125 千克（中稻按 100 千克）左右备土（一方土约 1500 千克，约播 400 个秧盘）。选择土壤疏松肥沃，无残茬、无砾石、无杂草、无污染、无病菌的壤土，如：耕作熟化的旱田土或秋耕春秒的稻田土。水分适宜时采运进库，经翻晒干爽后加入 1% ~ 2% 的有机肥，粉碎后备用，盖籽土不培肥。播种前育苗底土每 100 千克加入优质壮秧剂 0.75 千克拌均匀，现拌现用。盖籽土不能拌壮秧剂，营养土冬前培肥腐熟好，忌播种前施肥。

3. 选好品种，备足秧盘

选好品种，选择优质、高产、抗倒伏性强品种。早稻：两优 287、鄂早 17 等。中稻：丰两优香 1 号、广两优 96、两优 1528 等。常规早稻每亩大田备足硬（软）盘 30 张，用种量 4 千克左右。杂交早稻每亩大田备足硬（软）盘 25 张，用种量 2.75 千克。中稻每亩大田备足硬（软）盘 22 张，杂交中稻种子 1.5 千克。

4. 浸种催芽

（1）晒种

清水选种：种子催芽前先晒种 1 ~ 2 天，可提高发芽势，用清水选种，除去秋粒，半秘粒单独浸种催芽。

（2）种子消毒

种子选用"适乐时"等药剂浸种，可预防恶苗病、立枯病等病害。

（3）浸种催芽

常规早稻种子一般浸种 24 ~ 36 小时，杂交早稻种子一般浸种 24 小时，杂交中稻种子一般浸种 12 小时。种子放入全自动水稻种子催芽机或催芽桶内催芽，温度调控在 35℃档，一般 12 小时后可破胸，破胸后种子在油布上摊开炼芽 6 ~ 12 小时，晾干水分后待播种用。

5. 精细播种

（1）机械播种

安装好播种机后，先进行播种调试，使秧盘内底土厚度为 2 ~ 2.2 厘米。调节洒水量，使底土表面无积水，盘底无滴水，播种覆土后能湿透床土。调节好播种量，常规早稻每盘播干谷 150 克，杂交早稻每盘播干谷 100 克，杂交中稻每盘播干谷 75 克，若以芽谷计算，乘以 1.3 左右系数。调节覆土量，覆土厚度为 3 ~ 5 毫米，要求不露籽。采用电动播种设备 1 小时可播 450 盘左右（1 天约播 200 亩大田秧盘），每条生产线需操作工人 8 ~ 9 人，播好的秧盘及时运送到温室，早稻一般 3 月 18 日开始播种。

（2）人工播种

①适时播种：3月20—25日抢晴播种。②苗床浇足底水：播种前一天，把苗床底水浇透。第二天播种时再喷灌一遍，确保足墙出苗整齐。软盘铺平、实、直、紧，四周用土封好。③均匀播种：先将拌有壮秧剂的底土装入软盘内，厚2～2.5厘米，喷足水分后再播种。播种量与机械播种量相同。采用分厢按盘数称重，分次重复播种，力求均匀，注意盘子四边四角。播后每平方米用2克敌克松兑水1千克喷雾消毒，再覆盖籽土，厚3～5毫米，以不见芽谷为宜。使表土湿润，双膜覆盖保湿增温。

6. 苗期管理

（1）温室育秧

①秧盘摆放：将播种好的秧盘送入温室大棚或中棚，堆码10～15层盖膜，暗化2～3天，齐苗后送入温室秧架上或中棚秧床上育苗。②温度控制：早稻第1～2天，夜间开启加温设备，温度控制在30℃～35℃，齐苗后温度控制在20℃～25℃。单季稻视气温情况适当加温催芽，齐苗后不必加温，当温度超过25℃时，开窗或启用湿帘降温系统降温。③湿度控制：湿度控制在80%或换气扇通风降湿。湿度过低时，打开室内喷灌系统增湿。④炼苗管理：一定要早炼苗，防徒长，齐苗后开始通风炼苗，一叶一心后逐渐加大通风量，棚内温度控制在20℃～25℃为宜。盘土应保持湿润，如盘土发白、秧苗卷叶，早晨叶尖无水珠应及时喷水保湿。前期基本上不喷水，后期气温高，蒸发量大，约一天喷一遍水。⑤预防病害：齐苗后喷施一遍敌克松500倍液，一星期后喷施移栽灵防病促发根，移栽前打好送嫁药。

（2）中、小棚育秧

①保温出苗：秧苗齐苗前盖好膜，高温高湿促齐苗，遇大雨要及时排水。②通风炼苗：一叶一心晴天开两档通风，傍晚再盖好，1～2天后可在晴天日揭夜盖炼苗，并逐渐加大通风量，二叶一心全天通风，降温炼苗，温度20℃～25℃为宜。阴雨天开窗炼苗，日平均温度低于12℃时不宜揭膜，雨天盖膜防雨淋。③防病：齐苗后喷一次"移栽灵"防治立枯病。④补水：盘土不发白不补水，以控制秧苗高度。⑤施肥：因秧龄短，苗床一般不追肥，脱肥秧苗可喷施1%尿素溶液。每盘用尿素1克，按1∶100兑水拌匀后于傍晚时分均匀喷施。

7. 适时移栽

由于机插苗秧龄弹性小，必须做到田等苗，不能苗等田，适时移栽。早稻秧龄20～25天，中稻秧龄15～17天为宜，叶龄3叶左右，株高15～20厘米移栽，备栽秧苗要求苗齐、均匀、无病虫害、无杂株杂草，卷起秧苗底面应长满白根，秧块盘根良好。起秧移栽时，做到随起、随运、随栽。

（五）机插秧大田管理技术要点

1. 平整大田

用机耕船整田较好，田平草净，土壤软硬适中，机插前先沉降 1～2 天，防止泥陷苗，机插时大田只留瓜皮水，便于机械作业，由于机插秧苗秧龄弹性小，必须做到田等苗，提前把田整好，田整后，亩可用 60% 丁草胺乳油 100 毫升拌细土撒施，保持浅水层 3 天，封杀杂草。

2. 机械插秧

行距统一为 30 厘米，株距可在 12～20 厘米内调节，相当于可亩插 1.4 万～1.8 万穴。早稻亩插 1.8 万穴，中稻亩插 1.4 万穴为宜，防栽插过稀。每蔸苗数早杂 4～5 苗，常规早稻 5～6 苗，中杂 2～3 苗，漏插率要求小于 5%，漂秧率小于 3%，深度 1 厘米。

3. 大田管理

①湿润立苗。不能水淹苗，也不能干旱，及时灌薄皮水。②及时除草。整田时没有用除草剂封杀的田块，秧苗移栽 7～8 天活蔸后，亩用尿素 5 千克加丁草胺等小苗除草剂撒施，水不能淹没心叶，同时防治好稻蓟马。③分次追肥。分蘖肥做两次追施，第一次追肥后 7 天追第二次肥，亩用尿素 5～8 千克。④晒好田。机插苗返青期较长，返青后分蘖势强，高峰苗来势猛，可适当提前到预计穗数的 70%～80% 时自然断水落干搁田，反复多次轻搁至田中不陷脚，叶色落黄褪淡即可，以抑制无效分蘖并控制基部节间伸长，提高根系活力。切勿重搁，以免影响分蘖成穗。⑤防治好病虫害。

二、水稻湿润育秧技术

水稻湿润育秧技术作为手工插秧的配套育秧方法，适宜不同地区、水稻种植季节及不同类型水稻品种育秧。该技术操作方便、应用广泛、适应性强。

（一）主要技术要点

1. 秧田准备

选择背风向阳、排灌方便、肥力较高、田面平整的稻田做秧田，秧田与本田的比例为 1 :（8～10）。在播种前 10 天左右，干耕干整，耙平耙细，开沟做畦，畦长 10～12 米，畦宽 1.4～1.5 米，沟宽 0.25～0.30 米，沟深 0.15 米，畦面要达到"上糊下松，沟深面平，肥足草净，软硬适中"的要求。结合整地做畦，每亩秧田施用复合肥 20 千克，施后将泥肥混匀耙平。

2. 种子处理与浸种催芽

播种前，选择晴天晒种两天。采用风选或盐水选种。浸种时用强氯精、咪鲜胺等进行种子消毒。浸种时间长短视气温而定，以种子吸足水分达透明状并可见腹白和胚为主，气温低时浸种2～3天，气温高时浸种1～2天。催芽用35℃～40℃温水洗种预热3～5分钟，后把谷种装入布袋或箩筐，四周可用农膜与无病稻草封实保温，一般每隔3～4小时淋一次温水，谷种升温后，控制温度在35℃～38℃，如果温度过高要翻堆。谷种露白后要调降温度到25℃～30℃，适温催芽促根，待芽长半粒谷、根长1粒谷时即可。播种前把种芽摊开在常温下炼芽3～6小时后播种。

3. 精量播种

早稻3月中下旬抢晴播种。早稻常规稻30千克/亩，杂交稻秧田播种量20千克/亩为宜。单季常规稻10～12千克/亩，杂交稻秧田播种量7～10千克/亩。双季晚稻常规稻播种量20千克/亩，杂交稻秧田播种量10千克/亩。播种时以芽长为谷粒的半长，根长与谷粒等长时为宜。播种要匀播，可按芽谷重量确定单位面积的播种量。播种时先播70%的芽谷，再播剩余的30%补匀。播种后进行塌谷，塌谷后喷施秧田除草剂封杀杂草。

4. 覆膜保温

南方早稻一般采用拱架盖塑料薄膜保温的方法，也可用无纺布保温，采用高40～50厘米的小拱棚，然后盖上膜，膜的四周用泥压紧，防备大风掀开。单季稻和连作晚稻秧田搭建遮阳网，防止鸟害和暴雨对播种影响，出苗后撤网。

5. 秧苗管理

早稻：出苗期保持畦面湿润，畦沟无水，以增强土壤通气性。出苗后到揭膜前，原则上不灌水上畦，以促进发根。揭膜时灌浅水上畦，以后保持畦面上有浅水，若遇寒潮可灌深水护苗。早稻播种到齐苗，若低于35℃一般不要揭膜。若高于35℃，应揭开两头通风降温，齐苗到二叶期应开始降温炼苗，晴天上午10点到下午3点揭开两头，保持膜内在25℃左右。早上揭膜，傍晚盖膜，进行炼苗。揭膜时每亩秧田施尿素和氯化钾各4～6千克做"断奶肥"，以保证秧苗生长对养分的需求，秧龄长的在移栽前还可再施尿素和氯化钾各2～3千克做"送嫁肥"。

单季稻和连作晚稻：播种后到一叶一心期，保持畦面无水而沟中有水，以防"高温烧芽"。一叶一心到二叶一心期，仍保持沟中有水，畦面不开裂不灌水上畦，开裂则灌"跑马水"上畦。三叶期以后灌浅水上畦，以后浅水勤灌促进分蘖，遇高温天气，可日灌夜排降温。晚稻一叶一心期追施"断奶肥"和300ppm浓度多效唑每亩药液75千克喷施一次，四至五叶期施一次"接力肥"，移栽前3～5天施"送嫁肥"，每次施肥量不宜过多，以每亩尿素和氯化钾各 3 ～ 4 千克为宜。

6. 病虫草害防治

塌谷后及时喷施秧田除草剂封杀杂草，秧苗期应及时拔除杂草。早稻注意防治立枯病、稻瘟病，单季稻和晚稻防治稻蓟马、稻纵卷叶螟、苗稻瘟等病虫危害。移栽前用螟施净 100 毫升兑水 45 千克喷施，做到带药移栽。

三、水稻抛秧栽培技术

水稻抛秧栽培技术是指利用塑料育秧盘或无盘抛秧剂等培育出根部带有营养土块的水稻秧苗，通过抛、丢等方式移栽到大田的栽培技术。根据育苗的方式，抛秧稻主要有塑料软盘育苗抛栽、纸筒育苗抛栽、"旱育保姆"无盘抛秧剂育秧抛栽和常规旱育秧手工掰块抛栽等方式。

（一）塑料软盘育苗抛栽技术

1. 播前准备

（1）品种选择

选择秧龄弹性大、抗逆性好的品种。双季晚稻要根据早稻品种熟期合理搭配品种，一般以"早配迟""中配中""迟配早"的原则，选用稳产高产、抗性强的品种，保证安全齐穗。

（2）秧盘准备

每亩大田须备足 434 孔塑料 50 张。秧龄短的早熟品种可备 561 孔塑料育秧软盘 40 ～ 45 张。

（3）确定苗床

选择运秧方便、排灌良好、背风向阳、质地疏松肥沃的旱地、菜地或水田做苗床。苗床面积按秧本田 1 ：（25 ～ 30）的比例准备。营养土按每张秧盘 1.3 ～ 1.4 千克备足。

2. 播种育秧

（1）播期

一般早稻在 3 月下旬至 4 月上旬播种。晚稻迟熟品种于 6 月 5—10 日播种，中熟品种于 6 月 15—20 日播种，早熟品种于 7 月 5—10 日播种。

（2）摆盘

在苗床厢面上先浇透水，再将塑料软盘两个横摆，用木板压实，做到盘与盘衔接无缝隙，软盘与床土充分接触不留空隙，无高低。

（3）播种

将营养土撒入摆好的秧盘孔中，以秧盘孔容量的三分之二为宜，再按每亩大田用种量，将催芽破胸露白的种子均匀播到每具孔中，杂交稻每孔 1 ~ 2 粒，常规稻每孔 3 ~ 4 粒，尽量降低空穴率，然后覆盖细土使孔平并用扫帚扫平，使孔与孔之间无余土，以免串根影响抛秧。盖土后用喷水壶把水淋足，不可用瓢泼浇。

（4）覆盖

早稻及部分中稻需要覆盖地膜保温。晚稻须覆盖上秸秆防晒、防雨冲、防雀害，保证正常出苗。

（5）苗床管理

①芽期：播后至第 1 叶展开前，主要保温保湿，早稻出苗前膜内最适温度 30℃ ~ 32℃，超过 35℃时通风降温，出苗后温度保持在 20℃ ~ 25℃，超过 25℃时通风降温。晚稻在立针后及时将覆盖揭掉，以免秧苗徒长。②二叶期：一叶一心到二叶一心期，喷施多效唑控苗促蘖。管水以干为主，促根深扎，叶片不卷叶不浇水。早、中稻膜内温度应在 20℃左右，晴天白天可揭膜炼苗。③三叶至移栽：早稻膜内温度控制在 20℃左右。根据苗情施好送嫁肥，一般在抛秧前 5 ~ 7 天亩用尿素 2.5 千克均匀喷雾。在抛栽前一天浇一次透墒水，促新根发出，有利于抛栽和活蔸。晚稻秧龄超过 25 天的，对缺肥的秧苗可适当施送嫁肥，但要注意保证秧苗高度不超过 20 厘米。

3. 大田抛秧

①耕整大田。及时耕整大田，要求做到"泥融、田平、无杂草"。在抛栽前用平田杆拖平。②施足基肥。要求氮、磷、钾配合施用，以每亩复合肥 40 ~ 50 千克做底肥。③适时早抛。一般以秧龄在 30 天内、秧苗叶龄不超过 4 片为宜。晚稻抛栽期秧龄长（叶龄 5 ~ 6 叶）的争取早抛，尽量争取在 7 月底抛完。④抛秧密度。早稻每亩抛足 2.5 万穴，中稻每亩 1.8 万穴左右，晚稻每亩 2 万穴左右，不宜抛秧过密过稀。⑤抛栽质量。用手抓住秧尖向上抛 2 ~ 3 米的高度，利用重力自然入泥立苗。先按 70% 秧苗在整块大田尽量抛匀，再按 3 米宽拣出一条 30 厘米的工作道，然后将剩余 30% 的秧苗顺着工作道向两边补缺。抛栽后及时均免匀苗。

4. 大田管理

（1）水分管理

做到"薄水立苗、浅水活蘖、适期晒田"。抛栽时和抛栽 3 天内保持田面薄水，促根立苗。抛栽 3 天后复浅水促分蘖。当每亩苗达到预期穗数的 85% ~ 90% 时，应及时排水晒田，促根控蘖。后期干干湿湿，养根保叶，切忌长期淹灌，也不宜断水过早。

（2）施肥

抛秧后3～5天，早施分蘖肥，每亩追尿素10千克。晒田后复水时，结合施氯化钾7～8千克。

（3）防治病虫害

主要防治稻蓟马、稻纵卷叶螟，重点防治第四代三化螟危害造成白穗。

（二）水稻无盘旱育抛秧技术

水稻无盘旱育抛秧技术是水稻旱育秧和抛秧技术的新发展，利用无盘抛秧剂（简称旱育保姆）拌种包衣，进行旱育抛秧的一种栽培技术。旱育保姆包衣无盘育秧具有操作简便、节省种子、节省秧盘、节省秧地、秧龄弹性大、秧苗质量好、拔秧方便、秧根带土易抛、抛后立苗快等技术优势及增产作用，一般每亩大田增产5%～10%。尤其是对早稻因为干旱或者前期作物影响不能及时移栽，须延长秧龄以及对晚稻感光型品种要求提前播种，延长生育期，确保晚稻产量，显得特别重要。

1. 秧田准备

应选用肥沃、含沙量少、杂草较少、交通方便的稻田或菜地做无盘抛秧的秧床秧田。一般1亩大田需秧床30～40平方米。整好秧厢，翻犁起厢时一并施入足够的腐熟农家肥，同时还应施2～2.5千克复合肥与泥土充分混合，培肥床土。按1.5米开厢，起厢后耙平厢面。

2. 选准型号

无盘抛栽技术要选用抛秧型的"旱育保姆"，灿稻品种选用粧稻专用型，粳稻品种选用粳稻专用型。

3. 确定用量

按350克"旱育保姆"可包衣稻种1～1.2千克来确定用量。"旱育保姆"包衣稻种的出苗率高、成秧率高、分蘖多，因此须减少播种量。大田用种量杂交稻每亩1.5千克左右，常规稻2～3千克，秧大田比1∶（12～15）。

4. 浸好种子

采取"现包即种"的方法。包衣前先将精选的稻种在清水中浸泡25分钟，温度较低时可浸泡12小时，春季气温低，浸种时间长；夏天气温高，浸种时间短。

5. 包衣方法

将浸好的稻种捞出，沥至稻种不滴水即可包衣。将包衣剂倒入脸盆等圆底容器中，再将浸湿的稻种慢慢加入脸盆内进行滚动包衣，边加种边搅拌，直到包衣剂全部包裹在种子上为止。拌种时，要掌握种子水分适度。稻种过分晾干，拌不上种衣剂。稻种带有明水，种衣剂会吸水膨胀黏结成块，也拌不上或拌不匀。拌种后稍微晾干，即可播种。

6. 浇足底水

旱育秧苗床的底水要浇足浇透，使苗床10厘米土层含水量达到饱和状态。

7. 匀播盖籽

将包好的种子及时均匀撒播于秧床，无盘抛秧播种一定要均匀，才能达到秧苗所带泥球大小相对一致，提高抛栽立苗率。播种后，要轻度镇压后覆盖2～3厘米厚的薄层细土。

8. 化学除草

盖种后喷施旱育秧专用除草剂，如：旱秧青、旱秧净等。

9. 覆盖薄膜、增温保湿

为了保证秧苗齐、匀、壮，播种后要盖膜，齐苗后逐步揭膜，揭膜时要一次性补足水分。

10. 拔秧前浇水

在拔秧前一天的下午苗床要浇足水，一次透墒，以保证起秧时秧苗根部带着"吸水泥球"，利于秧立苗，但不能太湿。扯秧时，应一株或两株秧苗作一蔸拨起。

11. 旱育抛秧方法

大田田间管理及病虫害防治等同塑盘抛秧栽技术。

第二节　油菜栽培技术

一、优质油菜"一菜两用"栽培技术

（一）选择优良品种

选用双低高产、生长势强、整齐度好、抗病能力强的优质油菜品种，适合本地栽培的有中双9号、中双10号、华油杂10号、华双5号、中油杂8号等优质双低油菜品种。

（二）适时早播，培育壮苗

1. 精整苗床

选择地势平坦、排灌方便的地块做苗床，苗床与大田之比为1∶（5～6）。苗床要精整、整平整细，结合整地亩施复合肥或油菜专用肥50千克，硼砂1千克做底肥。

2. 播种育苗

最佳播期为 8 月底至 9 月初。亩播量为 300 ～ 400 克，出苗后一叶一心开始间苗，三叶一心定苗，每平方米留苗 100 株左右。三叶一心时亩用 15% 多效唑 50 克兑水 50 千克均匀喷雾，如苗子长势偏旺，可在五叶一心时按上述浓度再喷一次。

（三）整好大田，适龄早栽

1. 整田施底肥

移栽前精心整好大田，达到厢平土细，并开好腰沟、围沟和厢沟，结合整田亩施复合肥或油菜专用肥 50 千克，硼砂 1 千克做底肥。

2. 移栽

在苗龄达到 35 ～ 40 天时适龄移栽，一般每亩栽 8000 株左右，肥地适当栽稀，瘦地适当栽密。移栽时一定要浇好定根水，以保证移苗成活率。

（四）大田管理

1. 中耕追肥

一般要求中耕 3 次：第一次在移栽后活株后进行浅中耕，第二次在 11 月上中旬深中耕，第三次在 12 月中旬进行浅中耕，同时培土壅蔸防冻。结合第二次中耕追施提苗肥，亩施尿素 5 ～ 7.5 千克。

2. 施好腊肥

在 12 月中下旬，亩施草木灰 100 千克或其他优质有机肥 1000 千克，覆盖行间和油菜要颈处，防冻保暖。

3. 施好薹肥

"一菜两用"技术的薹肥和常规栽培有较大的差别，要施两次：第一次是在元月下旬施用，每亩施尿素 5 ～ 7.5 千克；第二次是在摘薹前 2 ～ 3 天时施用，亩施尿素 5 千克左右。两次薹肥的施用量要根据大田的肥力水平和苗子的长势长相来定，肥力水平高、长势好的田块可适当少施，肥力水平较低、长势较差的田块可适当多施。

4. 适时适度摘薹

当优质油菜薹长到 25 ～ 30 厘米时即可摘薹，摘薹时摘去上部 15 ～ 20 厘米，基部保留 10 厘米，摘薹要选在晴天或多云天气进行。

5. 清沟排渍

开春后雨水较多，要清好腰沟、围沟和厢沟，做到"三沟"配套，排明水，滤暗水，确保雨住沟干。

6. 及时防治病虫

油菜的主要虫害有蚜虫、菜青虫等，主要病害是菌核病，蚜虫和菜青虫亩用吡虫灵 20 克兑水 40 千克或 80% 敌敌畏 3000 倍液防治，菌核病用 50% 菌核净粉剂 100 克或 50% 速克灵 50 克兑水 60 千克，选择晴天下午喷雾，喷施在植株中下部茎叶上。

7. 叶面喷硼

在油菜的初花期至盛花期，每亩用速乐硼 50 克兑水 40 千克，或用 0.2% 硼砂溶液 50 千克均匀喷于叶面。

8. 收获

当主轴中下部角果枇杷色种皮为褐色，全株三分之一角果呈黄绿色时，为适宜收获期。收获后捆扎摊于田坡或堆垛后熟，3 ~ 4 天后抢晴摊晒、脱粒，晒干扬净后及时入库或上市。

二、直播油菜栽培技术

（一）选择优良品种

选用双低高产、生长势较强、株型紧凑、整齐度好、抗病能力强的优质油菜品种，适合直播栽培的有中双 9 号、中油 112、中油杂 11 号、华油杂 9 号、华油杂 13 号等双低优质油菜品种。

（二）精细整地，施足底肥

1. 整田

前茬作物收获后，迅速灭茬整田，按包沟 2 米开厢，厢面宽 150 ~ 160 厘米，将厢面整平，并开好腰沟、围沟和厢沟，做到"三沟"相通。

2. 施底肥

结合整田亩施碳酸氢铵 40 千克、过磷酸钙 40 千克、氧化钾 10 ~ 15 千克、硼砂 1 千克，或复合肥 50 ~ 60 千克加硼砂 1 千克，或油菜专用肥 60 千克加硼砂 1 千克做底肥。

（三）适时播种，合理密植

1. 播种时间

直播油菜播种时间弹性比较大，从 9 月下旬至 11 月上旬均可播种，但不能超过 11 月

10日。播种太迟在冬至前不能搭好苗架，产量太低。

2. 播种量

每亩播种量为250～300克，按量分厢称重播种，最好是每亩用商品油菜籽0.5千克炒熟后与待播种子混在一起播种，以播均匀。

3. 化学除草

播种后整平厢面，亩用72%都尔100～150毫升，兑水50千克均匀地喷于厢面，封闭除草。油菜出苗后，如田间杂草较多，可在杂草3～5叶时亩用5%高效盖草能30～40毫升或50%乙草胺60～120毫升兑水40千克喷雾防除。

（四）加强田间管理

1. 间苗定苗

三叶一心时，结合中耕松土进行一次间苗，锄掉一部分苗子，到五叶一心时定苗，播种较早的亩留苗20 000～25 000株，播种较迟的亩留苗25 000～30 000株。

2. 追施提苗肥

结合定苗，亩施尿素5～7.5千克提苗，提苗肥要根据地力水平，肥地少施，瘦地多施。

3. 化学调控

在三叶一心至五叶一心期间，亩用15%多效唑50克，兑水50千克喷雾进行化学调控，达到控上促下的目的。

4. 施好腊肥和薹肥

12月中下旬施腊肥，亩施有机肥1000千克或草本灰100千克，覆盖行间和油菜根茎处，防冻保暖。1月下旬施薹肥，亩施尿素5～7.5千克，按肥地少施、瘦地多施的原则进行。

5. 清沟排渍

春后雨水较多，要清好腰沟、围沟和厢沟，做到"三沟"配套，排明水，滤暗水，确保雨住沟干。

6. 及时防治病虫

油菜的主要虫害有蚜虫、菜青虫等，主要病害是菌核病。蚜虫和菜青虫亩用吡虫灵20克兑水40千克或80%敌敌畏3000倍液防治，菌核病用50%菌核净粉剂100克或50%速克灵50克兑水60千克，选择晴天下午喷雾，喷施在植株中下部茎叶上。

7. 叶面喷硼

在油菜的初花期至盛花期，每亩用速乐硼50克兑水40千克，或用0.2%硼砂溶液50千克均匀喷于叶面。

8. 收获

当主轴中下部角果枇杷色种皮为褐色，全株三分之一角果呈黄绿色时，为适宜收获期。收获后捆扎摊于田坡或堆垛后熟，3～4天后抢晴摊晒、脱粒，晒干扬净后及时入库或上市。

三、油菜免耕直播栽培技术

（一）选择优良品种

选用双低高产、生长势较强，株型紧凑、整齐度好、抗病能力强的优质油菜品种，适合免耕直播栽培的品种有中双9号、中油112、中油杂11号、华油杂9号、华油杂13号等双低优质油菜品种。

（二）开沟施肥除草

1. 开沟做厢

前茬作物收获后，及时开沟作厢，按包沟1.8～2米开厢，沟宽20厘米左右、深20厘米，开沟的土均匀地铺撒在厢面上，同时要开好腰沟和围沟，沟宽30～35厘米、深30～35厘米，要做到"三沟"相通。

2. 施肥

结合开沟施足底肥，亩施碳酸氢铵40千克、过磷酸钙40千克、氯化钾10～15千克、硼砂1千克，或复合肥60千克加硼砂1千克，或油菜专用肥60千克加硼砂1千克均匀地施于厢面做底肥。

3. 播前除草

播种前3～5天，亩用50%扑草净100克加12.5%盖草能30～50毫升兑水60千克，或亩用41%农达水剂200～300毫升兑水50千克，或150～200毫升克无踪兑水50千克，均匀地喷雾，杀灭所有地面杂草，清理前茬。

（三）适时播种，合理密植

1. 播种时间

免耕直播油菜一般是接迟熟中稻、一季晚或晚稻茬，其播种时间在10月中旬至11月上旬，不得迟于11月10日。

2. 播种量

每亩播种量为200～250克，按量分厢称重播种，接中稻茬的田块亩播200克，按晚稻茬的田块亩播250克，力求播稀播均。

（四）加强田间管理

1. 及时间苗定苗

三叶一心时间苗，将过密的苗子拔掉，一般播种较早的田块留苗 20 000 ~ 25 000 株，播种较迟的田块留 25 000 ~ 30 000 株。

2. 田间除草

油菜出苗后，如田间杂草较多，可在杂草 3 ~ 5 叶期亩用 5% 高效盖草能 30 ~ 40 毫升或 50% 乙草胺 60 ~ 120 毫升兑水 40 千克喷雾防除。

3. 追施提苗肥

结合定苗，亩施尿素 5 ~ 7.5 千克提苗，提苗肥要根据地力水平，肥地少施，瘦地多施。

4. 化学调控

在三叶一心至五叶一心期间，亩用 15% 多效唑 50 克，兑水 50 千克喷雾进行化学调控，达到控上促下的目的。

5. 施好腊肥和薹肥

12 月中下旬施腊肥，亩施有机肥 1000 千克或草木灰 100 千克，覆盖行间和油菜根茎处，防冻保暖。1 月下旬施薹肥，亩施尿素 5 ~ 7.5 千克，按肥地力少施、瘦地多施的原则进行。

6. 清沟排渍

开春后雨水较多，要清好腰沟、围沟和厢沟，做到"三沟"配套，排明水，滤暗水，确保雨住沟干。

7. 及时防治病虫

油菜的主要虫害有蚜虫、菜青虫等，主要病害是菌核病。蚜虫和菜青虫亩用吡虫灵 20 克兑水 40 千克或 80% 敌敌畏 3000 倍液防治，菌核病用 50% 菌核净粉剂 100 克或 50% 速克灵 50 克兑水 60 千克选择晴天下午喷雾，喷施在植株中下部茎叶上。

8. 叶面喷硼

在油菜的初花期至盛花期，每亩用速乐硼 50 克兑水 40 千克，或用 0.2% 硼砂溶液 50 千克均匀喷于叶面。

9. 收获

当主轴中下部角果枇杷色种皮为褐色，全株三分之一角果呈黄绿色时，为适宜收获期。收获后捆扎摊于田埂或堆垛后熟，3 ~ 4 天后抢晴摊晒、脱粒，晒干扬净后及时入库或上市。

第三节 玉米栽培技术

一、鲜食玉米优质高产栽培技术

随着种植业结构的调整，"鲜、嫩"农产品成为现代化都市农业发展的方向，其中以甜糯为代表的鲜食玉米因其营养成分丰富，味道独特，商品性好，备受人们青睐，市场前景十分广阔，农民的经济效益很好。

（一）选用良种

一般要选用甜糯适宜、皮薄渣少、果穗大小均匀一致、苞叶长不露尖、结实饱满、籽粒排列整齐、综合抗性好且适宜于当地气候特点的优良品种。在选用品种时，应结合生产安排选用生育期适当的品种，如：早春播种要选用早熟品种，提早上市；春播、秋播可根据上市需要，选用早、中、晚熟品种，排开播种，均衡上市；延秋播种以选早熟优质品种较好。

（二）隔离种植

以鲜食为主的甜、糯特用玉米其性状多由隐性基因控制，种植时需要与其他玉米隔离，以尽量减少其他玉米花粉的干扰，否则甜玉米会变为硬质型，糖度降低，品质变劣。糯玉米的支链淀粉会减少，失去或弱化其原有特性，影响品质，降低或失去商品价值。因此生产上常采用空间隔离和时间隔离。空间距离须在种植甜、糯玉米的田块周围 300 米以上，不要种与甜、糯玉米同期开花的普通玉米或其他类型的玉米，如有树林、山岗等天然屏障则可缩短隔离距离。时间隔离，即同一种植区内，提前或推后甜、糯玉米播种期，使其开花期与邻近地块其他玉米的开花期错开 20 天左右，甚至更长。对甜、糯玉米也应注意隔离。

（三）分期播种

鲜食玉米适宜于春秋种植。根据市场需要和气候条件，分期排开播种，对均衡鲜食玉米上市供应非常重要，特别是采用超早播种和延秋播种技术，提早上市和延迟上市，是提高鲜食玉米经济效益的一个重要措施。一般春播分期播种间隔时间稍长，秋播分期播种时间较短。

春播一般要求土温稳定在 12℃ 以上。在 2 月下旬播种，选用早熟品种，采用双膜保护地栽培，3 叶期移栽，5 月下旬至 6 月上中旬可收获，此时鲜食玉米上市量小，价格高。采用地膜覆盖栽培技术，于 3 月中旬播种。露地栽培于清明前后播种。4 月下旬不宜种植。

秋播在 7 月中旬至 8 月 5 日播种。秋延迟播种于 8 月 5 日至 10 日播种，于 11 月上市，此时甜玉米市场已趋于淡季，产品价格高，但后期易受低温影响，有一定的生产风险。

（四）精细播种

鲜食甜、糯玉米生产，要求选择土壤肥沃、排灌方便的砂壤、壤土地块种植。鲜食甜、糯玉米特别是超甜玉米淀粉含量少，籽粒秕瘦，发芽率低，顶土力弱。为了保证甜玉米出全苗和壮苗，要精细播种。首先，要选用发芽率高的种子，播前晒种 2 ~ 3 天，冷水浸种 24 小时，以提高发芽率，提早出苗。其次，精细整地，做到土壤疏松、平整、土壤墒情均匀、良好，并在穴间行内施足基肥，一般每亩施饼肥 50 千克、磷肥 50 千克、钾肥 15 千克，或氮、磷、钾复合肥 50 ~ 60 千克，以保证种子出苗有足够的养分供应，促进壮苗早发。最后，甜玉米在播种过程中适当浅播，超甜玉米一般播深不能超过 3 厘米，普通甜玉米一般播深不超过 4 厘米，用疏松细土盖种。此外，春季可利用地膜覆盖加小拱棚保温育苗，秋季可用稻草或遮阴网遮阴防晒防暴雨育苗。

（五）合理密植

鲜食玉米以采摘嫩早穗为目的，生长期短，要早定苗。一般幼苗二叶期间苗，三叶期定苗。育苗移栽最佳苗龄为二叶一心。

根据甜、糯玉米品种特性、自然条件、土壤肥力和施肥水平以及栽培方法确定适宜的种植密度。一般甜玉米的适宜密度范围在 3000 ~ 3500 株，糯玉米的适宜密度范围在 3500 ~ 4000 株，早熟品种密度稍大，晚熟品种密度稍小。采取等行距单株条植，行距 50 ~ 65 厘米，株距 20 ~ 35 厘米。

（六）加强田间管理

鲜食甜、糯玉米幼苗长势弱，根系发育不好，苗期应在保苗全、苗齐、苗匀、苗壮上下功夫，早追肥，早中耕促早发，每亩追施尿素 5 ~ 10 千克。拔节期施平衡肥，每亩尿素 5 ~ 7 千克。大喇叭口期重施穗肥，每亩施尿素 5 ~ 20 千克，并培土压根。要加强开花授粉和籽粒灌浆期的肥水管理，切不可缺水，土壤水分要保持在田间持水量的 70% 左右。

甜、糯玉米品种一般具有分蘖分枝特性。为保主果穗产量的等级，应尽早除蘖打杈，在主茎长出 2 ~ 3 个雌穗时，最好留上部第一穗，把下面雌穗去除，操作时尽量避免损伤主茎及其叶片，以保证所留雌穗有足够的营养，提高果穗商品质量，以免影响产量和质量。

在开花授粉期采用人工授粉，减少秃顶，提高品质。

（七）防治病虫害

鲜食甜、糯玉米的营养成分高，品质好，极易招致玉米螟、金龟子、蚜虫等害虫危害，且鲜果穗受危害后，严重影响其商品性状和市场价格，因此对甜玉米的虫害要早防早治，以防为主。在防治病虫害的同时，要保证甜玉米的品质，尽量不用或少用化学农药，最好采用生物防治。

玉米病虫害防治的重点是加强对玉米螟的防治，可在大喇叭口期接种赤眼蜂卵块，也可用 Bt 乳剂或其他低毒生物农药灌心，以防治螟虫危害。苗期蝼蛄、地老虎危害常常会造成缺苗断垄，可用 50% 辛硫磷 800 倍液兑水喷雾预防。

（八）适时采收

采收期对鲜食甜、糯玉米的商品品质和营养品质影响较大，不同品种、不同播种期，适宜采收期不同，只有适期采摘，甜、糯玉米才具有甜、糯、香、脆、嫩以及营养丰富的特点。鲜食甜玉米应在乳熟期采收，以果穗花丝干枯变黑褐色时为采收适期；或者用授粉后天数来判断，春播的甜玉米采收期在授粉后 19 ~ 24 天，秋播的在授粉后 20 ~ 26 天为好。糯玉米的适宜采收期以玉米开花授粉后的 18 ~ 25 天。鲜食玉米还应注意保鲜，采收时应连苞叶一起采收，最好是随采收随上市。

二、鲜食玉米无公害栽培技术

鲜食玉米实行无公害栽培，可生产安全、安心的产品，满足人们生活的需要，实现农民增收、农业增效，对促进鲜食玉米产业的持续、健康发展有着重要意义。

（一）选择生产基地

选择生态环境良好的生产基地。基地的空气质量、灌溉水质量和土壤质量均要达到国家有关标准。生产地块要求地势平坦，土质肥沃疏松，排灌方便，有隔离条件。空间隔离，要求与其他类型玉米隔离的距离为 400 米以上。时间隔离，要求在同隔离区内两个品种开花期要错开 30 天以上。

（二）精细整地，施足基肥

播种前，深耕 20 ~ 25 厘米，犁翻耙碎，精细整地。单做玉米的厢宽 120 厘米，套种玉米厢宽 180 厘米，沟宽均为 20 厘米，厢高 20 厘米，厢沟、围沟、腰沟三沟配套。结合整地，施足基肥。一般亩施腐熟农家肥 2000 千克，或饼肥 150 千克，或复合肥 60 千克，硫化锌 0.5 千克。

（三）分期播种，合理密植

根据市场需要和气候条件，分期排开播种。如果采用塑料大棚和小拱棚育苗、地膜覆盖大田移栽方式，在 2 月上旬至 3 月上旬播种，二叶一心移栽，5 月下旬至 6 月上旬可收获。大田直播地膜覆盖栽培在 3 月中旬至 4 月上旬，6 月中下旬收获。露地直播在清明前后播种，7 月上旬采收。秋播在 7 月下旬至 8 月 5 日，秋延迟可于 8 月 5 日至 10 日播种，9 月下旬至 11 月中旬采收。

甜玉米大田直播亩用种量 0.6 ~ 0.8 千克，糯玉米亩用种量为 1.5 千克。育苗移栽，甜玉米亩用种量 0.5 ~ 0.6 千克，糯玉米亩用种量为 1 ~ 1.2 千克。采取宽窄行种植，窄行距 40 厘米，株距 30 厘米，种植密度 3000 ~ 4000 株。

（四）田间管理

1. 查苗、补苗、定苗

出苗后要及时查苗和补苗，使补栽苗与原有苗生长整齐一致。二叶一心至三叶一心定苗，去掉弱小苗，每穴留 1 株健壮苗。

2. 肥水管理

春播玉米于幼苗 4 ~ 5 叶时追施苗肥，每亩追施尿素 3 千克。7 ~ 9 叶时追施攻穗肥，在行间打洞，每亩追施 25 千克三元复合肥，并及时培土。在玉米授粉、灌浆期，亩用磷酸二氢钾 1 千克兑水叶面喷施。秋播玉米重施苗肥，补施攻穗肥。玉米在孕穗、抽穗、开花、灌浆期间不可受旱，土壤太干燥要及时灌跑马水，将水渗透畦土后及时排出田间渍水。多雨天气要清沟，及时排出渍水。

3. 及时去蘖

6 ~ 8 叶期发现分蘖及时去掉。打苞一般留顶端或倒二苞，以苞尾部着生有小叶为最好，每株只留最大一苞。

（五）病虫害防治

鲜食玉米禁止施用高毒高残留农药，禁止施用有机磷或沙蚕毒素类农药与 Bt 混配的复配生物农药，采收期前 10 天禁止施用农药。

1. 主要虫害

玉米主要虫害有：地老虎、玉米螟、玉米蚜等。

（1）地老虎防治方法

一是毒饵诱杀。播种到出苗前用 90% 敌百虫晶体 0.25 千克，兑水 2.5 千克，拌匀 25 千克切碎的嫩菜叶，于傍晚撒在田间诱杀。二是人工捕捉，早晨在受害株根部挖土捕捉。三是药物防治。可用 2.5% 敌杀死乳油 3000 倍液、50% 辛硫磷乳油 1000 倍液喷雾或淋根。

（2）玉米螟防治方法

①农业防治：一是选用高产抗（耐）病虫品种。二是推广秸秆粉碎还田，或用作沤肥、饲料、燃料等措施，减少玉米螟越冬基数。三是合理安排茬口，压低玉米螟基数。四是利用玉米螟集中在尚未抽出的雄穗上危害特点，在危害严重地区，隔行人工去除雄穗，带出田外烧毁或深埋，以消灭幼虫。五是在大螟田间产卵高峰期内，对五叶以上玉米苗，详细观察玉米叶鞘两侧内的大螟卵块，人工摘除田外销毁。②生物防治：在玉米螟产卵初期至产卵盛期，将"生物导弹"产品挂在玉米叶片的主脉上，或采摘杂木枝条，插在玉米地里，将"生物导弹"挂在枝条上，每亩按 15 米等距离挂 5 枚，于上午 10 点前或下午 4 点后挂。玉米螟重发田块，间隔 10 天左右每亩再挂 5 枚防治玉米螟。挂"生物导弹"后不宜使用化学农药。③理化诱控：一是灯光诱杀物理防治技术。利用昆虫趋光性，使用太阳能杀虫灯、频振式杀虫灯诱杀大螟、玉米螟等。二是性诱技术。利用昆虫性信息素，在性诱剂诱捕器中安放性诱剂诱杀玉米螟等害虫。

（3）玉米蚜防治方法

①清除杂草：结合中耕，清除田边、沟边、塘边和竹园等处的禾本科杂草，消灭滋生基地。②药剂拌种：用玉米种子重量 0.1% 的 10% 吡虫啉可湿粉剂浸拌种，防治苗期蚜虫、稻蓟马、飞虱效果好。③药剂防治：在玉米心叶期，蚜虫盛发前，可用 50% 抗蚜威可湿性粉剂 3000 倍液或 10% 吡虫啉可湿性粉剂 2000 ~ 3000 倍液喷雾，隔 7 ~ 10 天喷 1 次，连喷 2 次。

2. 主要病害

玉米的主要病害：玉米纹枯病、丝黑穗病，玉米大斑病、小斑病等。

（1）玉米纹枯病防治方法

①注意选择抗（耐）病品种，各地要因地制宜引进品种试种。②勿在前作地水稻纹枯病严重发病的田块种玉米，勿用纹枯病稻秆做覆盖物。③合理密植，开沟排水降低田间湿

度，增施磷钾肥，避免偏施氮肥。④加强检查，发现病株即摘除病叶鞘烧毁，并用 5% 井冈霉素水剂 400～500 倍液喷雾，隔 7～10 天喷 1 次，连喷 2 次；或喷施速克灵可湿粉 1000～1500 倍液，或 50% 退菌特可湿粉 800～1000 倍液，2～3 次，隔 7～10 天 1 次，着重喷植株基部。

（2）玉米丝黑穗病防治方法

①选用抗病品种。②精耕细作，适期播种，促使种子发芽早，出苗快，减少发病。③及时拔除病株，带出田外销毁。收获后及时清洁田园，减少田间初浸染菌源。实行轮作。④用粉锈宁可湿性粉剂，或敌克松 50% 可湿性粉剂，或福美双可湿性粉剂，进行药剂拌种，随拌随播。

（3）玉米大、小斑病防治方法

①选用抗病品种：这是防治大、小斑病的根本途径，不同的品种对病害的抗性具有明显的差异，要因地制宜引种抗病品种。②健身栽培：适期播种、育苗移栽、合理密植和间套作，施足基肥、配方施肥、及早追肥，特别要抓好拔节和抽穗期及时追肥，适时喷施叶面营养剂。注意排灌，避免土壤过旱过湿。清洁田园，减少田间初浸染菌源和实行轮作等。③药剂防治：可用 40% 克瘟散乳剂 500～1000 倍液，或 40% 三唑酮多菌灵，或 45% 三唑酮福美双 1000 倍液，或 75% 百菌清＋70% 托布津（1∶1）1000 倍液，也可选喷 50% 多菌灵可湿粉 500 倍液，或 50% 甲基托布津 600 倍液，2～3 次，隔 7～10 天 1 次，交替施用，前密后疏，喷匀喷足。

（4）玉米锈病防治方法

应以种植抗病杂交种为主，辅以栽培防病等措施。具体措施：①选用抗病杂交品种，合理密植。②加强肥水管理，增施磷钾肥，避免偏施过施氮肥，适时喷施叶面营养剂提高植株抗病性。适度用水，雨后注意排渍降湿。③及时施药预防控病：在植株发病初期喷施 25% 粉锈宁可湿粉剂，或乳油 1500～2000 倍液，或 40% 多硫悬浮剂 600 倍液，或 12.5% 速保利可湿粉，2～3 次，隔 10 天左右 1 次，交替施用，喷匀喷足。

（六）适时采收

鲜食玉米在籽粒发育的乳熟期，含水量 70%，花丝变黑时为最佳采收期。一般普甜玉米在吐丝后 17～23 天采收，超甜玉米在吐丝后 20～28 天采收，糯玉米在吐丝后 22～28 天采收，普通玉米在吐丝后 25～30 天采收。采收时连苞叶采收，以利于上市延长保鲜期，当天采收当天上市。

（七）运输与贮存

鲜穗收获后就地按大小分级，使用无污染的编织袋包装运输。运输工具要清洁、卫生、无污染、无杂物，临时贮存要在通风、阴凉、卫生的条件下。在运输和临时贮存过程中，要防日晒、雨淋和有毒物质污染，不使产品质量受损。不宜堆码。

第四节 马铃薯栽培技术

一、秋马铃薯栽培技术

（一）种薯选择及催芽

1. 选用优良早熟品种

秋马铃薯主要作为菜用，应选用早熟或特早熟，生育期短，休眠期短，抗病、优质、高产、抗逆性强，适应当地栽培条件，外观商品性好的各类鲜食专用品种。适应秋季栽培的马铃薯品种有：费乌瑞它、中薯 1 号、东农 303、中薯 3 号、早大白等，种薯应选用 40克左右的健康小整薯，大力提倡使用脱毒种薯。

2. 精心催芽

秋马铃薯播种时，一般种薯尚未萌芽，因而必须催芽以打破其休眠，催芽的时间应选在播种前 15 天进行。要选择通风、透光和凉爽的室内场所进行催芽，催芽的方法主要是采用一层种薯一层湿润稻草（或湿沙）等覆盖的方法进行，一般摆 3 ~ 4 层，也可采用 1 ~ 2毫克 / 千克 "赤霉素" 喷雾催芽。

（二）精细整地，施足底肥

1. 整地起垄

在前茬作物收获后，及时精细整地，做到土层深厚、土壤松软。按 80 厘米的标准起垄，要求垄高达到 25 ~ 30 厘米，并开好排水沟。

2. 施足底肥

每亩施用腐熟的有机肥 2000 ~ 2500 千克，含硫复合肥（含量 45%）50 千克做底肥。

（三）适时播种

1. 播种期

根据当地的气候特点、海拔高度和耕作制度，合理地确定播期，最佳播种期应在 8 月下旬至 9 月上旬，不得迟于 9 月 10 日。播期太迟易受早霜冻害。

2. 密度

垄宽 80 厘米种双行，株距 25 ~ 30 厘米，每亩 5000 ~ 6000 株，肥力水平较低的地块适当加大密度，肥力水平较高的地块适当降低密度。

3. 播种方式

秋播马铃薯，既要适当浇水降温又要考虑排水防渍。为创造土温较低的田间环境，一般宜采用起大垄浅播的方式播种，双行错窝种植。播种深度为 8 ~ 12 厘米。播种最好在阴天进行，如晴天播种要避开中午的高温时段。

（四）加强田间管理

1. 保湿出苗

播种后如遇连续晴天，必须连续浇水，保持土壤湿润，直至出苗。

2. 覆盖降温

秋马铃薯生育前期一般气温比较高。出苗后迅速用麦苗或草杂肥覆盖垄面 5 ~ 8 厘米，可降低土壤温度使幼苗正常生长。

3. 中耕追肥

齐苗时，进行第一次中耕除草培土，每亩用清水粪加 5 ~ 8 千克尿素追肥 1 次。现蕾后再进行一次中耕培土。

4. 抗旱排渍

土壤干旱应适度灌水，长期阴雨注意清沟排渍。

5. 化学调控

在幼苗期喷 2 ~ 3 次 0.2% 浓度的喷施宝，封行前如出现徒长，可用 15% 多效唑 50 克兑水 40 千克喷施 2 次。

6. 叶面喷肥

块茎膨大期每亩用 0.2% ~ 0.3% 磷酸二氢钾液 50 千克叶面喷施 2 ~ 3 次，间隔 7 天。淀粉积累期，每亩用 0.2% 的氯化钾溶液 40 千克叶面喷施。

（五）病虫害防治

1. 晚疫病

当田间发现中心病株时用瑞毒霉、甲霜灵锰锌等内吸性杀菌剂喷雾，10天左右喷一次，连续喷 2 ~ 3 次。

2. 青枯病

发现田间病株及时拔除并销毁病体。

3. 蚜虫

发现蚜虫及时防治，用5% 抗蚜威可湿性粉剂 1000 ~ 2000 倍液，或 10% 蚜虫啉可湿性粉剂 2000 ~ 4000 倍液等药剂交替喷雾。

4. 斑潜蝇

用 73% 炔螨特乳油 2000 ~ 3000 倍稀释液，或施用其他杀螨剂，5 ~ 10 天喷药 1 次，连喷 2 ~ 3 次。喷药重点在植株幼嫩的叶背和茎的顶尖。

（六）收获上市

根据生长情况和市场需求进行收挖，也可以在春节前后收获，收获过程中轻装轻放减少损伤，防止雨淋。商品薯收获后按大小分级上市。

二、秋马铃薯稻田免耕稻草全程覆盖栽培技术

（一）开沟排湿，规范整厢

（二）播种、盖草

（三）加强田间管理

第五节 棉花栽培技术

一、地膜（钵膜）棉高产栽培技术

（一）选用良种

选用中熟优质高产杂交棉品种。

（二）适时播种

地膜棉：①播前5～7天精细整地，达到厢平土细无杂草，沟路相通利水流。②提前粒选、晒种（2～3天），播时用多菌灵、种衣剂或稻脚青搓种。③4月上旬定距点播，每穴播健籽2～3粒。④播后每亩用都尔150毫升，兑水50千克喷于土表，随即抢晴抢墒盖膜，子叶转绿破孔露苗。⑤一叶期间苗，二叶期定苗（去弱苗、留壮苗），6月20日左右揭膜。

钵膜棉：①苗床选在避风向阳、地势高朗、排灌较好、无病土壤、方便管理及运钵近便的地方，苗床与大田比为1∶15。②每亩大田按8000钵备土，年前每亩苗床提前施下优质土杂肥100担，或人粪尿20担，翻土冬炕。制钵前15～20天，每亩增施尿素8千克，过磷酸钙25千克，氯化钾10千克，确保钵土营养。③中钵育苗，钵径4.5厘米，高7.5厘米。④3月底至4月初播种，每钵播籽2粒。播前要粒选、晒种（2～3天），药剂搓（浸）种。播时达到"三湿"（钵湿、种湿、盖土湿）。播后盖细土、覆盖。⑤齐苗前封膜保温，齐苗后晴天通风练苗，一叶期间苗，并搬钵蹲苗，二叶时定苗。⑥培育壮苗，4月底或5月初3～4叶时，带肥带药（移栽前5～7天喷氮肥、喷施多菌灵）移植麦林（苗龄30天左右）。

（三）合理密植

中等地力，每亩1500～2000株，种植方式"一麦两花"或等行栽培。

（四）配方施肥

一般每亩施用纯氮17千克左右，五氧化二磷3～5千克，氧化钾12千克以上。地膜棉每亩底肥施用优质土杂肥80～100担（或饼肥25千克），碳铵20千克，过磷酸钙20千克，氯化钾5千克。6月20日左右揭膜后，蕾肥亩施饼肥50千克，复合肥10千克。壮桃肥

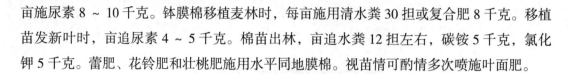

亩施尿素 8 ~ 10 千克。钵膜棉移植麦林时，每亩施用清水粪 30 担或复合肥 8 千克。移植苗发新叶时，亩追尿素 4 ~ 5 千克。棉苗出林，亩追水粪 12 担左右，碳铵 5 千克，氯化钾 5 千克。蕾肥、花铃肥和壮桃肥施用水平同地膜棉。视苗情可酌情多次喷施叶面肥。

（五）科学化调

对弱苗、僵苗和早衰苗，结合打药，可喷施 1 万倍的"喷施宝"或 3000 倍的"802"。对肥水较足的棉田，7 ~ 8 叶时，亩用缩节胺 1 克或 25% 的助壮素 4 毫升兑水 50 千克喷施调节。盛蕾初花期，亩用缩节胺 1.5 ~ 2 克或 25% 的助壮素 6 ~ 8 毫升，兑水 50 千克喷施调控，喷后 10 ~ 15 天，如苗旺长，亩用缩节胺 2 ~ 2.5 克或助壮素 8 ~ 10 毫升，兑水 50 千克喷施。当单株果枝达 18 层以上时，亩用缩节胺 3 ~ 4 克或 25% 的助壮素 12 ~ 16 毫升，兑水 50 千克，喷雾棉株中、上部，可抑制顶端生长，调节株型。对 10 月中旬的贪青迟熟棉，每亩宜用乙烯利 100 克兑水 40 千克喷雾催熟。

（六）抗旱排涝

根据棉花的生育要求，应遇旱及时灌水，有涝迅速排除，特别是要注重 6 月下旬前后梅雨季节的排涝防渍和入伏后的抗旱保桃管理。

（七）中耕除草

当灌水、雨后棉田板结或杂草丛生时，要适时中耕、松土、除草和培土壅根。

（八）综防病虫

要以棉花的"三病"（苗病、枯黄萎病及铃病）、"三虫"（红蜘蛛、红铃虫与棉铃虫）为主要防治对象，并兼治其他。对苗期根病，宜用多菌灵或稻脚青。叶病则用半量式波尔多液防治。枯黄萎病可选用抗病品种，药剂防治，及早拔除病株深埋，或实行水旱轮作。铃病开沟滤水，通风散湿，喷施药剂或抢摘烂桃。对"三虫"要根据虫情测报，及时施药防治。

（九）整枝打顶

现蕾后，要抹赘芽，整公枝。7 月底或 8 月初，按照标准（达到果枝总数）适时打顶。

（十）及时收花

8 月中下旬棉花开始吐絮后，要抢晴及时采收，做到"三不"（不摘雨露花、不摘笑口花和不摘青桃），细收细拣，五分收花。

二、直播棉栽培技术

（一）选择优良品种

选用优质高产杂交抗虫棉或常规品种。

（二）精细整地，施足底肥

播种前整地 2 ~ 3 次，厢宽 180 厘米，厢沟宽 30 厘米，深 20 厘米，并开好腰沟和围沟，整地水平达到厢平、土碎、上虚下实，厢面呈龟背形。

结合整地：亩施有机肥 2000 ~ 2500 千克，碳铵 20 ~ 25 千克，过磷酸钙 30 ~ 40 千克，氯化钾 15 ~ 20 千克，或 45% 复合肥 35 ~ 40 千克做底肥。

（三）适时播种

4 月下旬至 5 月上旬播种，每亩播 2000 ~ 2500 穴，每穴播种 2 ~ 3 粒，播种深度 2 ~ 3 厘米，覆土匀细紧密，每亩用种量 500 ~ 600 克。

（四）苗期管理

及时间苗、定苗，齐苗后 1 ~ 2 片真叶时间苗，3 ~ 4 片真叶时定苗，每亩留苗 2000 ~ 2500 株，同时做好缺穴的补苗，确保密度。

中耕松土 2 ~ 3 次，深度 4 ~ 6 厘米，达到土壤疏松、除草灭茬的目的，结合中耕松土，追施提苗肥，亩施尿素 5 ~ 7.5 千克。

苗期病虫防治，主要是防治立枯病、炭疽病、疫苗、地老虎、盲椿象、棉蓟马等病虫危害。

（五）蕾期管理

中耕 2 ~ 3 次，深度 8 ~ 12 厘米，结合中耕培土 2 ~ 3 次，初花期封行前完成培土。

每亩用饼肥 40 ~ 50 千克，拌过磷酸钙 15 ~ 20 千克，或 45% 复合肥 20 ~ 30 千克做蕾肥，开沟深施，对缺硼的棉田喷施 2 ~ 3 次 0.1% ~ 0.2% 硼酸溶液 40 千克左右。

现蕾后及时打掉叶枝，缺株断垄处保留 1 ~ 2 个叶枝，并将叶枝顶端打掉，促进其果枝发育，除叶枝的同时抹去赘芽。

蕾期主要防治枯萎病、黄萎病、棉蚜、盲椿象、棉铃虫等病虫的危害。

（六）花铃期管理

重施花铃肥，每亩施尿素 15 ~ 20 千克，氯化钾 15 ~ 20 千克，结合最后一次中耕开沟深施，施后覆一层薄土，补施盖顶肥，8 月 15 日前，每亩施尿素 5 ~ 7.5 千克。叶面喷施 0.2% ~ 0.3% 磷酸二氢钾溶液 2 ~ 3 次。

进入花铃期后，每隔 15 天进行化控一次，每亩用 2 ~ 3 克缩节胺兑水 40 ~ 50 千克喷雾：打顶后 7 ~ 10 天进行最后一次化控，亩用 4 ~ 5 克缩节胺兑水 50 公斤喷棉株上部。

当果枝数达到 20 ~ 22 层时打顶，打顶时轻打，打小顶，只摘去一叶一心。

如遇较严重的干旱，土壤含水量降到 60% 以下时，要灌水抗旱，抗旱时采取沟灌为宜，灌水时间应在上午 10 时前或下午 5 时后，如遇大雨或长期阴雨，及时组织清沟排渍。

花铃期主要防治棉蚜、红蜘蛛、红铃虫、盲椿象、烟粉虱、棉铃虫等虫害。

（七）后期管理

视植株长相喷施 1% 尿素 + 0.2% ~ 0.3% 磷酸二氢钾溶液，喷施 2 ~ 3 次，每次间隔 10 天，分批打去主茎中下部老叶，剪去空枝，防止田间荫蔽。

10 月中旬温度在 20℃ 以上时，用 40% 乙烯利喷施桃龄 40 天左右的棉桃催熟，药液随配随用，不能与其他农药混用。

当棉田大部分棉株有 1 ~ 2 个铃吐絮，铃壳出现翻卷变干，棉絮干燥，即可开始采收，每隔 5 ~ 7 天采摘一次，采摘的棉花分品种、分好次晒干入库或上市。

第六节 豆类栽培技术

一、毛豆栽培技术

（一）选择良种

选用豆冠、绿宝石、K 新绿以及六月爆等毛豆品种。

（二）整地施底肥

选择土层深厚，质地肥沃，排水良好的地块，播种前 10 ~ 15 天精细整地做畦，包沟 1 ~ 1.2 米做畦，要求达到深沟高畦，结合整地亩施腐熟有机肥 1500 ~ 2000 千克，或商品有机肥 150 ~ 200 千克 + 过磷酸钙 25 ~ 30 千克，或三元复合肥 40 ~ 50 千克做底肥。

（三）适时播种

露地春播地温要稳定在 12℃ 以上，一般在 3 月下旬至 4 月中旬播种，秋播在 7 月下旬至 8 月中旬播种，每畦播两行，采用穴播，穴距 22 ~ 25 厘米，每穴播种 3 ~ 4 粒，亩播 6000 ～ 7000 穴，亩用种量 5 ～ 6 千克，播后及时覆土，覆土深度 2 厘米左右。

（四）田间管理

毛豆播种出苗后，及时查苗补苗，移密处的苗带土补栽到缺苗的地方。

播种覆土后两天内进行封闭除草，用金都尔 1000 倍液或 90% 乐耐斯乳油 1000 倍液兑水 40 ～ 45 千克，均匀地喷于厢面。

在苗期要经常注意中耕松土和锄草，在遇大雨后放晴时，要及时松土和培土。

真叶展开追施第一次苗肥，用 5% 人粪尿或 0.5% 碳酸氢铵和过磷酸钙溶液浇施，第二次在出苗半个月时结合中耕松土亩施含硫酸复合肥 15 千克，开花后 15 ～ 20 天亩施含硫复合肥 20 千克，始花期、盛花期和结荚期分别进行二次根外追肥，促进豆粒充实饱满，根外追肥以叶面喷施钼酸铵和磷酸二氢钾为主。

春毛豆一般不须灌水，秋毛豆遇旱要在傍晚时分适当地灌跑马水，在开花结荚期要保持土壤的湿润。

（五）防治病虫

主要病害有立枯病、锈病、炭疽病等。立枯病用亚霉灵 1000 倍液或用霜灵 800 倍液防治，炭疽病用 70% 托布津 800 倍液或 30% 爱苗乳油 3000 倍液防治，锈病用 75% 百菌清 3000 倍液或晴菌唑 1500 倍液防治。

主要虫害有甜菜夜蛾、斜纹夜蛾、豆荚螟、豆秆蝇、蚜虫、白粉虱等。甜菜夜蛾、斜纹夜蛾用抑太保 1500 倍液或安打 3500 倍液或除尽 1500 倍液进行防治，豆荚螟、豆秆蝇用康宽或阿维菌素防治，蚜虫、白粉虱用吡虫啉 3000 倍液或吡虫啉 2000 倍液防治。

（六）采收

当植株大部分达到豆粒饱满、色泽鲜绿时即可采收，采收时剔除病虫、变色和不饱满的豆荚。

二、夏大豆栽培技术

（一）选用优良品种

选用中豆 30 等中豆系列品种。

（二）整地施底肥

前茬作物收获后，及时清茬整地，要求整平、整细、包沟 2 米开厢，沟宽 30 ～ 40 厘米，沟深 20～25 厘米，结合整地亩施腐熟有机肥 1500～2000 千克，或三元复合肥 35～40 千克，或大豆专用肥 40～50 千克做底肥。

（三）适时播种

一般在 6 月初至 6 月中旬播，最迟不能超过 6 月 25 日，播种方式有条播和穴播两种。

（四）田间管理

出苗后及时查苗补苗，3 叶期间苗 5 叶期定苗，肥力水平高的地块留苗 1.2 万株，肥力水平低的地块留苗 1.5 万～1.6 万株。

苗期视植株长势施苗肥，亩施尿素 5～7.5 千克，植株生长过旺可酌情减少或不施苗肥。进入开花结荚期用 0.05%～0.1% 钼酸铵溶液或用 2% 过磷酸钙溶液 50 千克进行叶面喷施，喷施 2～3 次，间隔时间为 7 天。

播后芽前进行封闭除草，亩用 72% 都尔 100～200 克或 50% 乙烯胺 100～150 克兑水 30～40 千克均匀喷于厢面。也可在大豆 1～3 叶，田间杂草 3～5 叶期，亩用 15% 精禾草克 75 克＋25% 落威 50～60 克兑水 50 千克，对准杂草喷雾。

大豆生育期如遇大旱要及时组织灌水抗旱，抗旱时最好进行沟灌，灌水不能浸上厢面，切忌大水浸灌。

（五）防治病虫

大豆主要病害有立枯病、根腐病和白绢病等，可在播种前用 50% 多菌灵或 50% 福灵播种，也可在苗期用 50% 托布津或 60% 代森锌 100 克兑水 50 千克茎叶喷雾防治。

主要虫害有造桥虫、大豆卷叶螟、棉铃虫、甜菜夜蛾和斜纹夜蛾等，发生虫害时，选用高效低毒低残留农药防治 2～3 次，间隔 7 天，每亩喷药液量不能少于 50 千克，喷药时间宜在上午 9 时前或下午 5 时后进行。

第五章 农作物生产常用肥料

第一节 农作物生产的常用肥料

一、化学肥料

化学肥料也称无机肥料，简称化肥，是用化学和（或）物理方法人工制成的含有一种或几种作物生长需要的营养元素的肥料。

（一）常见氮肥性质与安全施用

1. 尿素

（1）基本性质

尿素为酰胺态氮肥，化学分子式为 $CO(NH_2)_2$，含氮 45% ~ 46%。尿素为白色或浅黄色结晶体，无味无臭，稍有清凉感；易溶于水，水溶液呈中性反应。尿素吸湿性强，但由于尿素在造粒中加入石蜡等疏水物质，因此肥料级尿素吸湿性明显下降。

尿素在造粒过程中，温度达到 50℃时，便有缩二脲生成；当温度超过 135℃时，尿素分解生成缩二脲。尿素中缩二脲含量超过 2% 时，就会抑制种子发芽，危害作物生长。

（2）安全施用

尿素适于做基肥和追肥，一般不直接做种肥。

①做基肥

尿素做基肥可以在翻耕前撒施，也可以和有机肥掺混均匀后进行条施或沟施。经济作物一般每亩用 10 ~ 20 千克。做基肥可撒施田面，随即耕耙。春播作物地温较低，如果尿素集中条施，其用量不宜过大。

②做种肥

尿素中缩二脲含量不超过 1%，可以做种肥，但须与种子分开，用量也不宜多。经济作物每亩用尿素 5 千克左右，须先和干细土混匀，施在种子下方 2 ~ 3 厘米处或旁侧 10 厘米左右。如果土壤墒情不好，天气过于干旱，尿素最好不要做种肥。

③根际追肥

每亩用尿素 10 ~ 15 千克。旱地经济作物可采用沟施或穴施，施肥深度 7 ~ 10 厘米，施后覆土。

④根外追肥

尿素最适宜做根外追肥，其原因是：尿素为中性有机物，电离度小，不易烧伤茎叶；尿素分子体积小，易透过细胞膜；尿素具有吸湿性，容易被叶片吸收，吸收量高；尿素进入细胞后，易参与物质代谢，肥效快。一般喷施浓度0.3%～1%。

（3）适宜作物及注意事项

尿素是生理中性肥料，适用于各类经济作物和各种土壤。

尿素在造粒中温度过高就会产生缩二脲，甚至三聚氰酸等产物，对经济作物有抑制作用。缩二脲含量超过1%时不能做种肥、苗肥和叶面肥。尿素易随水流失，水田施尿素时应注意不要灌水太多，并应结合耘田使之与土壤混合，减少尿素流失。

尿素施用入土后，在脲酶作用下，不断水解转变为碳酸铵或碳酸氢铵，才能被植物吸收利用。尿素做追肥时应提前4～8天施用。

2.碳酸氢铵

（1）基本性质

碳酸氢铵为铵态氮肥，又称重碳酸铵，简称碳铵，化学分子式 NH_4HCO_3，含氮16.5%～17.5%。

碳酸氢铵为白色或微灰色，呈粒状、板状或柱状结晶。易溶于水，水溶液为碱性反应，pH值8.2～8.4。易挥发，有强烈的刺激性臭味。

干燥碳酸氢铵在10℃～20℃常温下比较稳定，但敞开放置易分解成氨、二氧化碳和水。碳酸氢铵的分解造成氮素损失，残留的水加速潮解并使碳酸氢铵结块。碳酸氢铵含水量越多，与空气接触面越大，空气湿度和温度越高，其氮素损失也越快。因此，碳酸氢铵要求是，制造时常添加表面活性剂，适当增大粒度，降低含水量；包装要结实，防止塑料袋破损和受潮；储存的库房要通风，不漏水，地面要干燥。

（2）安全施用

碳酸氢铵适于做基肥，也可做追肥，但要深施。

①做基肥

每亩用碳酸氢铵30～50千克，可结合耕翻进行，将碳酸氢铵随撒随翻，耙细盖严；或在耕地时撒入犁沟中，边施边犁堡覆盖，俗称"犁沟溜施"。

②做追肥

每亩用碳酸氢铵20～40千克，一般采用沟施与穴施。中耕作物如棉花等，在株旁7～10厘米处，开7～10厘米深的沟，随后撒肥覆土。撒肥时要防止碳酸氢铵接触、烧伤茎叶。

干旱季节追肥后立即灌水。

（3）适宜作物及注意事项

碳酸氢铵是生理中性肥料，适用于各类经济作物和各种土壤。碳酸氢铵养分含量低，化学性质不稳定，温度稍高易分解挥发损失。产生的氨气对种子和叶片有腐蚀作用，故不宜作种肥和叶面施肥。

3. 硫酸铵

（1）基本性质

硫酸铵为铵态氮肥，简称硫铵，又称肥田粉，化学分子式（NH4）2SO4，含氮 20% ~ 21%。硫酸铵为白色或淡黄色结晶，因含有杂质有时呈淡灰、淡绿或淡棕色。易溶于水，呈中性反应。吸湿性弱，热反应稳定，是生理酸性肥料。

（2）安全施用

硫酸铵适宜做种肥、基肥和追肥。

①做基肥

硫酸铵做基肥，每亩用量 20 ~ 40 千克，可撒施随即翻入土中，或开沟条施，但都应当深施覆土。

②做种肥

硫酸铵做种肥对种子发芽没有不良影响，但用量不宜过多，基肥施足时可不施种肥。每亩用硫酸铵 3 ~ 5 千克，先与干细土混匀，随拌随播，肥料用量大时应采用沟施。

③做追肥

每亩用量 15 ~ 25 千克，施用方法同碳酸氢铵。对于砂质土要少量多次。旱季施用硫酸铵，最好结合浇水。

（3）适宜作物及注意事项

比较适合棉花、麻类，特别适于油菜等喜硫植物。硫酸铵一般用在中性和碱性土壤上，酸性土壤应谨慎施用。在酸性土壤中长期施用，应配施石灰和钙镁磷肥，以防土壤酸化。水田不宜长期大量施用，以防硫化氢中毒。

（二）常见磷肥性质与安全施用

1. 过磷酸钙

过磷酸钙又称普通过磷酸钙、过磷酸石灰，简称普钙。其产量约占全国磷肥总产量的 70%，是磷肥工业的主要基石。

（1）基本性质

过磷酸钙主要成分为磷酸一钙［Ca（H₂PO₄）₂·H₂O］和硫酸钙（CaSO₄）的复合物，其中磷酸一钙约占其重量的50%，硫酸钙约占40%，此外5%左右的游离酸，2% ~ 4%的硫酸铁、硫酸铝。其有效磷（P₂O₅）含量为14% ~ 20%。

过磷酸钙为深灰色、灰白色或淡黄色等粉状物，或制成粒径为2 ~ 4毫米的颗粒。其水溶液呈酸性反应，具有腐蚀性，易吸湿结块。由于硫酸铁、铝盐存在，吸湿后，磷酸一钙会逐渐退化成难溶性磷酸铁、铝，从而失去有效性，这种现象称为过磷酸钙的退化作用，因此在储运过程中要注意防潮。

（2）安全施用

①集中施用

过磷酸钙不管做基肥、种肥和追肥，均应集中施用和深施。做基肥一般每亩用量为50 ~ 60千克，做追肥一般用量为20 ~ 30千克，做种肥一般用量10千克左右。集中施用旱地以条施、穴施、沟施的效果为好。

在集中施用和深施原则下，可采用分层施用，即2/3磷肥做基肥深施，其余1/3在种植时做面肥或种肥施于表层土壤中。

②与有机肥料混合施用

过磷酸钙与有机肥料混合做基肥每亩用量可在20 ~ 25千克。混合施用可减少过磷酸钙与土壤的接触，同时有机肥料在分解过程中产生的有机酸能与铁、铝、钙等络合兑水溶性磷有保护作用；有机肥料还能促进土壤微生物活动，释放二氧化碳，有利于土壤中难溶性磷酸盐的释放。

③酸性土壤配施石灰

施用石灰可调节土壤pH值到6.5左右，减少土壤磷素固定，改善作物生长环境，提高肥效。

④根外追肥

根外追肥可减少土壤对磷的吸附固定，也能提高经济效果，浓度为棉花、油菜0.5% ~ 1%。方法是将过磷酸钙与水充分搅拌并放置过夜，取上层清液喷施。

（3）适宜作物和注意事项

过磷酸钙适宜各种经济作物及大多数土壤。过磷酸钙不宜与碱性肥料混用，以免发生化学反应降低磷的有效性。储存时要注意防潮，以免结块；要避免日晒雨淋，减少养分损失。运输时车上要铺垫耐磨的垫板和篷布。

2. 重过磷酸钙

（1）基本性质

重过磷酸钙也称三料磷肥，简称重钙，主要成分是磷酸一钙，分子式为$[Ca(H_2PO_4)_2 \cdot H_2O]$，含磷（$P_2O_5$）42% ~ 45%。

重过磷酸钙外观一般为深灰色颗粒或粉状，性质与过磷酸钙类似。粉末状重钙以吸潮、结块；含游离磷酸4% ~ 8%，呈酸性，腐蚀性强。颗粒状商品性好、使用方便。

（2）安全施用

重过磷酸钙宜做基肥、追肥和种肥，施用量比过磷酸钙减少一半以上，施用方法同过磷酸钙。

（3）适宜作物和注意事项

重过磷酸钙适宜各种经济作物及大多数土壤，但在喜硫作物上施用效果不如过磷酸钙。重过磷酸钙产品易吸潮结块，储运时要注意防潮、防水，避免结块损失。

（三）常见钾肥性质与安全施用

1. 氯化钾

（1）基本性质

氯化钾分子式为KCl，含钾（K_2O）不低于60%，含氯化钾应大于95%。肥料中还含有氯化钠约1.8%、氯化镁0.8%和少量的氯离子，水分含量少于2%。

氯化钾一般呈白色或粉红色或淡黄色结晶，易溶于水，物理性状良好，不易吸湿结块，水溶液呈化学中性，属于生理酸性肥料。盐湖钾肥为白色晶体，水分含量高，杂质多，吸湿性强，能溶于水。

（2）安全施用

氯化钾适宜做基肥深施，做追肥要早施，不宜做种肥。

①做基肥

一般每亩用量在15 ~ 20千克，通常要在播种前10 ~ 15天，结合耕地施入。氯化钾应配合施用氮肥和磷肥效果较好。

②作早期追肥

每亩用量在7.5 ~ 10千克，一般要求在作物苗长大后追施。

（3）适宜作物和注意事项

氯化钾适于大多数经济作物，特别适用于麻类作物。但忌氯经济作物不宜施用，如：

烟草、茶树、甜菜、甘蔗等，尤其是幼苗或幼龄期更要少用或不用。氯化钾适宜于多数土壤，但盐碱地不宜施用。

酸性土壤施用要配合石灰；石灰性土壤施用要配合施用有机肥料。氯化钾具有吸湿性，储存时要放在干燥地方，防雨防潮。

2. 硫酸钾

（1）基本性质

硫酸钾分子式为 K_2SO_4，含钾（K_2O）48% ~ 52%，含硫（S）约 18%。硫酸钾一般呈白色或淡黄色或粉红色结晶，易溶于水，物理性状好，不易吸湿结块，是化学中性、生理酸性肥料。

（2）安全施用

①做基肥

一般每亩施用量为 10 ~ 20 千克，块根、块茎做物可多施一些，每亩施用量为 15 ~ 25 千克，应深施覆土，减少钾的固定。

②做追肥

硫酸钾做追肥，一般每亩施用量为 10 千克左右，应集中条施或穴施到作物根系较密集的土层；砂性土壤一般易追肥。

③做种肥

一般每亩用量 1.5 ~ 2.5 千克。

④根外追肥

叶面施用时，硫酸钾可配成 2% ~ 3% 的溶液喷施。

（3）适宜作物和注意事项

硫酸钾适宜各种作物和土壤，对忌氯经济作物和喜硫经济作物（油菜、大蒜等）有较好效果。硫酸钾在酸性土壤、水田上应与有机肥、石灰配合施用，不宜在通气不良土壤上施用。硫酸钾施用时不宜贴近作物根系。

（四）中量元素肥料与安全施用

1. 含钙肥料

（1）主要含钙肥料种类与性质

含钙的肥料主要有石灰、石膏、硝酸钙、石灰氮、过磷酸钙等。

（2）主要石灰物质

石灰石最主要的钙肥，包括生石灰、熟石灰、碳酸石灰等。

①生石灰

生石灰又称烧石灰，主要成分为氧化钙。通常用石灰石烧制而成。多为白色粉末或块状，呈强碱性，具吸水性，与水反应产生高热，并转化成粒状的熟石灰。生石灰中和土壤酸性能力很强，施入土壤后，可在短期内矫正土壤酸度。此外，生石灰还有杀虫、灭草和土壤消毒的功效。

②熟石灰

熟石灰又称消石灰，主要成分为氢氧化钙，由生石灰吸湿或加水处理而成。多为白色粉末，溶解度大于石灰石粉，呈碱性反应。施用时不产生热，是常用的石灰。中和土壤酸度能力也很强。

③碳酸石灰

碳酸石灰主要成分为碳酸钙，由石灰石、白云石或贝壳类磨碎而成的粉末。不易溶于水，但溶于酸，中和土壤酸度能力缓效而持久。石灰石比生石灰加工简单，节约能源，成本低而改土效果好，同时不板结土壤，淋溶损失小，后效长，增产作用大。

（3）石灰安全施用

①做基肥

在整地时将石灰与农家肥一起施入土壤，也可结合绿肥压青和稻草还田进行。旱地每亩 50 ~ 70 千克。如用于改土，可适当增加用量，每亩 150 ~ 250 千克。在缺钙土壤上种植大豆、花生、块根作物等喜钙经济作物，每亩施用石灰 15 ~ 25 千克，沟施或穴施。

②做追肥

旱地在作物生育前期可每亩条施或穴施 15 千克左右为宜。

（4）适宜作物和注意事项

石灰主要适宜酸性土壤和酸性土壤上种植的大多数经济作物，特别是喜钙经济作物。棉花等不耐酸经济作物要多施用，茶树、马铃薯、烟草等耐酸能力强的经济作物可不施。

石灰施用要注意不应过量，否则会降低土壤肥力，引起土壤板结。石灰还要施用均匀，否则会造成局部土壤石灰过多，影响作物生长。石灰不能与氮、磷、钾、微肥等一起混合施用，一般先施石灰，几天后再施其他肥料。石灰肥料有后效，一般隔 3 ~ 5 年施用 1 次。

2. 含镁肥料

（1）含镁肥料种类与性质

农业上应用的镁肥有水溶性镁盐和难溶性镁矿物两大类，含镁的肥料有硫酸镁、氯化镁、水镁矾、硝酸镁、白云石、钙镁磷肥等。

（2）水溶性镁肥安全施用

水溶性镁肥的品种主要有氯化镁、硝酸镁、七水硫酸镁、一水硫酸镁、硫酸钾镁等，其中以七水硫酸镁、一水硫酸镁应用最为广泛。

农业生产上常用的泻盐，实际上是七水硫酸镁，化学分子式 $MgSO_4 \cdot 7H_2O$，易溶于水，稍有吸湿性，吸湿后会结块。水溶液为中性，属生理酸性肥料。目前，80% 以上用作农肥。硫酸镁是一种双养分优质肥料，硫、镁均为作物的中量元素，不仅可以增加作物产量，而且可以改善果实的品质。

硫酸镁作为肥料，可做基肥、追肥和叶面追肥施用。做基肥、追肥时应与铵态氮肥、钾肥、磷肥以及有机肥料混合施用有较好效果。做基肥、追肥时每亩用量 10 ~ 15 千克。做叶面追肥喷施浓度为 1% ~ 2%，一般在苗期喷施效果较好。

3. 含硫肥料

（1）含硫肥料种类与性质

含硫肥料种类较多，大多数是氮、磷、钾及其他肥料的成分，如：硫酸镁、硫酸铵、硫酸钾、过磷酸钙、硫酸钾镁等，但只有石膏、硫黄被作为硫肥施用。

（2）主要含硫物质

①生石膏

生石膏即普通石膏，俗称白石膏，主要成分是二水硫酸钙，它由石膏矿直接粉碎而成。呈粉末状，微溶于水，粒细有利于溶解，改土效果也好，通常以 60 月筛孔为宜。

②熟石膏

熟石膏又称雪花石膏，主要成分是二分之一水硫酸钙，是由生石膏加热脱水而成。吸湿性强，吸水后又变成生石膏，物理性质变差，施用不便，宜储存在干燥处。

③磷石膏

磷石膏主要成分是 $CaSO_4 \cdot Ca_3(PO_4)_2$，是硫酸分解磷矿石制取磷酸后的残渣，是生产磷铵的副产品。其成分因产地而异，一般含硫（S）11.9%，含五氧化二磷 2% 左右。

（3）石膏安全施用

①改良碱地使用

一般土壤氢离子浓度在 1 纳摩尔／升以下（pH 值 9 以上）时，需要石膏中和碱性，其用量视土壤交换性钠含量来确定。交换性钠占土壤阳离子总量 5% 以下时，不必施用石膏；占 10% ~ 20% 时，适量施用石膏；大于 20% 时，石膏施用量要加大。

石膏多做基肥施用，结合灌溉排水施用石膏。由于一次施用难以撒匀，可结合双季稻及冬播小麦耕翻整地，分期分批施用，以每次每亩 150 ~ 200 千克为宜。同时结合粮棉和绿肥间套作或轮作，不断培肥土壤，效果更好。施用石膏要尽可能研细，石膏溶剂度小，后效长，不必年年施用。如果碱土呈斑状分布，其碱斑面积不足 15% 时，石膏最好撒在碱斑面上。

磷石膏含氧化钙少，但价格便宜，并含有少量磷素，也是较好的碱土改良剂。用量以比石膏多施 1 倍为宜。

②作为钙、硫营养施用

一般水田可结合耕作施用或栽秧后撒施，每亩用量以 5 ~ 10 千克为宜；塞秧根每亩用量 2.5 千克；做基肥或追肥每亩用量以 5 ~ 10 千克为宜。

旱地基肥撒施于土表，再结合翻耕，也可条施或穴施做基肥，一般基肥用量以每亩 15 ~ 25 千克为宜，种肥每亩用量以 4 ~ 5 千克为宜。花生可在果针入土后 15 ~ 30 天施用石膏，每亩用量 15 ~ 25 千克。

③适宜作物和注意事项

石膏主要用于碱性土壤改良或缺钙的沙质土壤、红壤、砖红壤等酸性土壤。石灰施用量要合适，过量施用会降低硼、锌等微量元素的有效性。石灰施用要配合有机肥料施用，还要考虑钙与其他营养离子间的相互平衡。

二、有机肥料

（一）农家肥

1. 人粪尿肥

（1）基本性质

人粪含有 70% ~ 80% 的水分、20% 左右的有机物和 5% 左右的无机物，新鲜人粪一般呈中性；人尿约含 95% 的水分、5% 左右的水溶性有机物和无机盐类，新鲜的尿液为淡黄色透明液体，不含有微生物，因含有少量磷酸盐和有机酸而呈弱酸性。

人粪尿的排泄量和其中的养分及有机质的含量因人而异，不同的年龄、饮食状况和健康状况都不相同（见表 5-1）。

表 5-1 人粪尿的养分含量

种类	主要成分含量（鲜基）%				
	水分	有机物	N	P_2O_5	K_2O
人类	> 70	约 20	1.00	0.50	0.37

续表

种类	主要成分含量（鲜基）/%				
	水分	有机物	N	P_2O_5	K_2O
人尿	>90	约3	0.50	0.13	0.19
人粪尿	>80	5～10	0.5～0.8	0.2～0.4	0.2～0.3

（2）安全施用

人粪尿适合于大多数经济作物，尤其是纤维类植物（如麻类等）施用效果更为显著。但对忌氯经济作物（如甜菜、烟草等）应当少用。

人粪尿适用于各种土壤，尤其是含盐量在0.05%以下的土壤，具有灌溉条件的土壤，以及雨水充足地区的土壤。但对于干旱地区灌溉条件较差的土壤和盐碱土，施用人粪尿时应加水稀释，以防止土壤盐渍化加重。

人粪尿可做基肥和追肥施用，人尿还可以做种肥用来浸种。人粪尿每亩施用量一般为500～1000千克，还应配合其他有机肥料和磷、钾肥。

2.厩肥

厩肥是以家畜粪尿为主，与各种垫圈材料（如：秸秆、杂草、黄土等）和饲料残渣等混合积制的有机肥料统称。北方称为"土粪"或"圈粪"，南方称为"草粪"或"栏粪"。

（1）基本性质

不同的家畜，由于饲养条件不同和垫圈材料的差异，可使各种和各地厩肥的成分有较大的差异，特别是有机质和氮素的含量差异更显著（见表5-2）。

表5-2　新鲜厩肥中主要养分的平均含量/%

种类	水分	有机质	N	P_2O_5	K_2O	CaO	MgO	SO_3
猪厩肥	72.4	25.0	0.45	0.19	0.60	0.08	0.08	0.08
牛厩肥	77.5	20.3	0.34	0.16	0.40	0.31	0.11	0.06
马厩肥	71.3	25.4	0.58	0.28	0.53	0.21	0.14	0.01
羊厩肥	64.3	31.8	0.083	0.23	0.67	0.33	0.28	0.15

（2）安全施用

厩肥中的养分大部分是迟效性的，养分释放缓慢，因此应做基肥施用。但腐熟的优质厩肥也可用追肥，只是肥效不如基肥效果好。施用时应撒施均匀，随施随耕翻。

施用厩肥不一定是完全腐熟的，一般应根据作物种类、土壤性质、气候条件、肥料本身的性质以及施用的主要目的而有所区别。一般来说，块根、块茎作物对厩肥的利用率较高，可施用半腐熟厩肥；而禾本科作物对厩肥的利用率较低，则应选用腐熟程度高的厩肥。生育期短，应施用腐熟的厩肥；生育期长，可用半腐熟厩肥。若施用厩肥的目的是为了改良土壤，就可选择腐熟程度稍差的，让厩肥在土壤中进一步分解，这样有助于改土；若用于做苗肥施用，则应选择腐熟程度较好的厩肥。就土壤条件而言，质地黏重，排水差的土壤，应施用腐熟的厩肥，而且不宜耕翻过深；对砂质土壤，则可施用半腐熟厩肥，翻耕深度可适当加深。

3. 堆肥

堆肥是利用秸秆、杂草、绿肥、泥炭、垃圾和人畜粪尿等废弃物为原料混合后，按一定方式进行堆制的肥料。

（1）基本性质

堆肥的性质基本和厩肥类似，其养分含量因堆肥原料和堆制方法不同而有差别。堆肥一般含有丰富的有机质，碳氮比较小，养分多为速效态；堆肥还含有维生素、生长素及微量元素等。

（2）安全施用

堆肥主要做基肥，每亩施用量一般为 1000 ~ 2000 千克。用量较多时，可以全耕层均匀混施；用量较少时，可以开沟施肥或穴施。在温暖多雨季节或地区，或在土壤疏松、通透性较好的条件下，或种植生育期较长的经济作物和多年生经济作物时，或当施肥与播种或插秧期相隔较远时，可以使用半腐熟或腐熟程度更低的堆肥。

堆肥还可以做种肥和追肥使用。做种肥时常与过磷酸钙等磷肥混匀施用，作追肥时应提早施用，并尽量施入土中，以利于养分的保持和肥效的发挥。堆肥和其他有机肥料一样，虽然是营养较为全面的肥料，但养分含量相对较低，需要和化肥一起配合施用，以更好地发挥堆肥和化肥的肥效。

（二）秸秆肥

秸秆用作肥料的基本方法是将秸秆粉碎埋于农田中进行自然发酵，或者将秸秆发酵后施于农田中。

1. 催腐剂堆肥技术

催腐剂就是根据微生物中的钾细菌、氨化细菌、磷细菌、放线菌等有益微生物的营养要求，以有机物（包括作物秸秆、杂草、生活垃圾）为培养基，选用适合有益微生物营养要求的化学药品制成定量氮、磷、钾、钙、镁、铁、硫等营养的化学制剂，有效地改善了有益微生物的生态环境，加速了有机物分解腐烂。

秸秆催腐方法：选择靠水源的场所、地头、路旁平坦地。堆腐 1 吨秸秆须用催腐剂 1.2 千克，1 千克催腐剂须用 80 千克清水溶解。先将秸秆与水按 1 ∶ 1.7 的比例充分湿透后，用喷雾器将溶解的催腐剂均匀喷洒于秸秆中，然后把喷洒过催腐剂的秸秆垛成宽 15 米、高 1 米左右的堆垛，用泥密封，防止水分蒸发、养分流失，冬季为了缩短堆腐时间，可在泥上加盖薄膜提温保温（厚约 1.5 厘米）。

使用催腐剂堆腐秸秆后，能加速有益微生物的繁殖，促进其中粗纤维、粗蛋白的分解，并释放大量热量，使堆温快速提高，平均堆温达 54℃，不仅能杀灭秸秆中的致病真菌、虫卵和杂草种子，加速秸秆腐解，提高堆肥质量，使堆肥有机质含量比碳酸氢铵堆肥提高 54.9%、速效氮提高 10.3%、速效磷提高 76.9%、速效钾提高 68.3%，而且能使堆肥中的氨化细菌比碳酸氢铵堆肥增加 265 倍、钾细菌增加 1231 倍、磷细菌增加 11.3%、放线菌增加 5.2%，成为高效活性生物有机肥。

2. 酵素菌堆肥技术

酵素菌是由能够产生多种酶的好（兼）氧细菌、酵母菌和霉菌组成的有益微生物群体。利用酵素菌产生的水解酶的作用，在短时间内，可以把作物秸秆等有机质材料进行糖化和氮化分解，产生低分子的糖、醇、酸，这些物质是土壤中有益微生物生长繁殖的良好培养基，可以促进堆肥中放射线菌的大量繁殖，从而改善土壤的微生态环境，创造作物生长发育所需的良好环境。利用酵素菌把大田作物秸秆堆沤成优质有机肥后，可施用于经济作物上。

堆腐材料有秸秆 1 吨，麸皮 120 千克，钙镁磷肥 20 千克，酵素菌扩大菌 16 丁克，红糖 2 千克，鸡粪 400 千克。堆腐方法：先将秸秆在堆肥池外喷水湿透，使含水量达到 50% ~ 60%，依次将鸡粪均匀铺撒在秸秆上，麸皮和红糖（研细）均匀撒到鸡粪上，钙镁磷肥和扩大酵素菌均匀搅拌在一起，再均匀撒在麸皮和红糖上面；然后用叉拌匀后，挑入简易堆肥池里，底宽 2 米左右，堆高 1.8 ~ 2 米，顶部呈圆拱形，顶端用塑料薄膜覆盖，防止雨水淋入。

三、腐殖酸肥料

（一）腐殖酸基本性质

腐殖酸又名胡敏酸，是一组含芳香结构、性质类似、无定型的酸性物质组成的混合物。其分子结构十分复杂，含有芳香环和含氮杂环，环上有酚羟基、羟基、醇羟基、醌羟基、烯醇基、磺酸基、氨基、羧基、游离的醌基、半醌基、醌氧基、甲氧基等多功能团。

腐殖酸为黑色或黑褐色无定型粉末，在稀溶液条件下像水一样无黏性，或多或少地溶解在酸、碱、盐、水和一些有机溶剂中，具有弱酸性。是一种亲水胶体，具有较高的离子交换性、络合性和生理活性。

（二）腐殖酸肥料性质

腐殖酸肥料品种主要有腐殖酸铵、硝基腐殖酸铵、腐殖酸磷、腐殖酸铵磷、腐殖酸钠、腐殖酸钾等。

1. 腐殖酸铵

腐殖酸铵简称腐铵，化学分子式R-COONH$_4$，一般水溶性腐殖酸铵25%以上，速效氮3%以上。外观为黑色有光泽颗粒或黑色粉末，溶于水，呈微碱性，无毒，在空气中稳定。可做基肥（亩用量 40 ~ 50 千克）、追肥、浸种或浸根等，适用于各种土壤和经济作物。

2. 硝基腐殖酸铵

硝基腐殖酸铵是腐殖酸与稀硝酸共同加热，氧化分解形成的。一般含水溶性腐殖酸铵45%以上，速效氮2%以上。外观为黑色有光泽颗粒或黑色粉末，溶于水，呈微碱性，无毒，在空气中较稳定。可做基肥（亩用量 40 ~ 75 千克）、追肥、浸种或浸根等，适用于各种土壤和经济作物。

3. 腐殖酸钠、腐殖酸钾

腐殖酸钠、腐殖酸钾的化学分子式为 R-COONa、R-COOK，一般腐殖酸钠含腐殖酸40% ~ 70%、腐殖酸钾含腐殖酸 70% 以上。二者呈棕褐色，易溶于水，水溶液呈强碱性。可做基肥（0.05% ~ 0.1% 浓度液肥与农家肥拌在一起施用）、追肥（每亩用0.01% ~ 0.1%浓度液肥 250 千克浇灌）、种子处理（浸种浓度 0.005% ~ 0.05%、浸根插条等浓度0.01% ~ 0.05%）、根外追肥（喷施浓度 0.01% ~ 0.05%）等。

4. 黄腐酸

黄腐酸又称富里酸、富啡酸、抗旱剂一号、旱地龙等，溶于水、酸、碱，水溶液呈酸性，无毒，性质稳定。黑色或棕黑色。含黄腐酸 70% 以上，可做拌种（用量为种子量的 0.5%）、蘸根（100 克加水 20 千克加黏土调成糊状）、叶面喷施（经济作物稀释 1000 倍）等。

（三）腐殖酸肥料安全施用

1. 施用条件

腐殖酸肥适于各种土壤，特别是有机质含量低的土壤、盐碱地、酸性红壤、新开垦红壤、黄土、黑黄土等效果更好。腐殖酸肥对各种经济作物均有增产作用。

2. 固体腐殖酸肥安全施用

腐殖酸肥与化肥混合制成腐殖酸复混肥,可以做基肥、种肥、追肥或根外追肥;可撒施、穴施、条施或压球造粒施用。

(1)做基肥

可以采用撒施、穴施、条施等办法,不过集中施用比撒施效果好,深施比浅施、表施效果好,一般每亩可施腐殖酸铵等40～50千克、腐殖酸复混肥25～50千克。

(2)做种肥

可穴施于种子下面12厘米附近,每亩腐殖酸复混肥10千克左右。

(3)做追肥

应该早施,应在距离作物根系6～9厘米附近穴施或条施,追施后结合中耕覆土。可将硝基腐殖酸铵作为增效剂与化肥混合施用效果较好,每亩施用量10～20千克。

(4)秧田施用

利用泥炭、褐煤、风化煤粉覆盖秧床,对于培育壮秧、增强秧苗抗逆性具有良好作用。

3. 水溶腐殖酸肥安全施用

液体腐殖酸肥是以适合植物生长所需比例的矿物源腐殖酸,添加适量比例的氮、磷、钾大量元素或铜、铁、锰、锌、硼、钼微量元素而制成的液体或固体水溶肥料。

(1)浸种

可将水溶腐殖酸肥配成0.01%～0.05%浓度,一般经济作物浸种5～10小时,棉花等纤维作物浸种24小时,浸种后捞出阴干即可播种。

(2)蘸秧根、浸插条

可将水溶腐殖酸肥配成0.05%～0.1%浓度溶液,将移栽作物或插条浸泡11～24小时,捞出移栽。也可在移栽前将腐殖酸肥料溶液加泥土调制成糊状,将移栽作物根系或插条蘸一下,立即移栽。

(3)根外喷施

可将水溶腐殖酸肥配成0.01%～0.05%浓度溶液,每亩喷施50千克,喷洒时间在每天14～18时,喷施2～3次。喷施时期一般在作物生殖生长时期结合其他叶面喷肥进行。

(4)浇灌

可将水溶腐殖酸肥溶于灌溉水中,随水浇灌到作物根系。旱地可在浇底墒水或生育期内灌水时在入水口加入原液,原液浓度0.05%～0.1%,每亩用量50千克。稻田可结合各生育期灌水分次施用,浓度、用量与旱地基本一样。

4.注意问题

腐殖酸肥效缓慢，后效较长，应该尽量早施，在作物生长前期施用。腐殖酸肥料本身不是肥料，必须与其他肥料配合施用才能发挥作用。腐殖酸肥料作为水溶肥料施用必须注意适宜浓度，过高会抑制作物生长，过低不起作用。腐殖酸肥料作为水溶肥料施用配制时最好不要使用含钙、镁较多的硬水，以免发生沉淀影响效果，pH值要控制在7.2～7.5之间。

四、氨基酸肥料

（一）氨基酸基本性质

氨基酸的分子通式$H_2N \cdot R \cdot COOH$，同时含有羧基和氨基，因此具有羧酸羧基的性质和氨基的一切性质。纯品是无色结晶体，能溶于水。

（二）水溶性氨基酸肥料安全施用

水溶性氨基酸肥料是以游离氨基酸为主体的，按适合作物生长所需比例，添加适量钙、镁中量元素或铜、铁、锰、锌、硼、钼微量元素而制成的液体或固体水溶肥料。水溶性氨基酸肥料一般采用叶面喷施、拌种、浸种、蘸根、灌根、滴灌等。

第一，叶面喷施。按作物种类和不同生长期一般用水稀释800～1600倍，喷施于经济作物叶面呈湿润而不滴流为宜，一般喷施2～3次，一般每隔7～10天。

第二，拌种。用1∶600倍的稀释液与种子拌匀（稀释液量为种子的3%左右），放置6小时后播种。

第三，浸种。用1∶1200倍的稀释液，软皮种子浸10～30分钟，硬壳种子浸10～24小时，捞出阴干后播种。

第四，蘸根。移栽时秧苗在稀释600～800倍的肥料溶液中蘸根浸泡5～10分钟，捞出移栽。也可在移栽前将腐殖酸肥料溶液加泥土调制成糊状，将移栽作物根系或插条蘸一下，立即移栽。

第五，灌根。将肥料液稀释1000～1200倍，浇入经济作物根部，每亩100～200千克。

第六，滴灌。将肥料液稀释300～600倍，然后按经济作物不同调整滴流速度。

（三）注意事项

为提高喷施效果，可将氨基酸水溶肥料与肥料或农药混合喷施，但应注意营养元素之间的关系、肥料与农药之间是否有害。

五、微生物肥料

微生物肥料是指一类含有活微生物的特定制品，应用于农业生产中，能够获得特定的肥料效应，在这种效应的产生中，制品中活微生物起关键作用，符合上述定义的制品均归于微生物肥料。微生物肥料主要有根瘤菌肥料、固氮菌肥料、磷细菌肥料、钾细菌肥料、复合微生物肥料等。

（一）根瘤菌肥料

根瘤菌能和豆科作物共生、结瘤、固氮，用人工选育出来的高效根瘤菌株，经大量繁殖后，用载体吸附制成的生物菌剂称为根瘤菌肥料。

1. 基本性质

根瘤菌肥料按剂型不同分为固体、液体、冻干剂三种。固体根瘤菌肥料的吸附剂多为草炭，为黑褐色或褐色粉末状固体，湿润松散，含水量 20% ~ 35%，一般菌剂含活菌数 1 亿 ~ 2 亿个 / 克，杂菌数小于 15%，pH 值 6 ~ 7.5。液体根瘤菌肥料应无异臭味，含活菌数 5 亿 ~ 10 亿个 / 升，杂菌数小于 5%，pH 值 5.5 ~ 7。冻干根瘤菌肥料不加吸附剂，为白色粉末状，含菌量比固体型高几十倍，但生产上应用很少。

2. 安全施用

根瘤菌肥料多用于拌种，用量为每亩地种子用 30 ~ 40 克菌剂加 3.75 千克水混匀后拌种，或根据产品说明书施用。拌种时要掌握互接种族关系，选择与作物相对应的根瘤菌肥。作物出苗后，发现结瘤效果差时，可在幼苗附近浇泼兑水的根瘤菌肥料。

3. 注意事项

根瘤菌结瘤最适温度为 20℃ ~ 40℃，土壤含水量为田间持水量的 60% ~ 80%，适宜中性到微碱性（pH 值 6.5 ~ 7.5），良好的通气条件有利于结瘤和固氮；在酸性土壤上使用时须加石灰调节土壤酸度；拌种及风干过程切忌阳光直射，已拌菌的种子须当天播完；不可与速效氮肥及杀菌农药混合使用，如果种子需要消毒，须在根瘤菌拌种前 2 ~ 3 周使用，使菌、药有较长的间隔时间，以免影响根瘤菌的活性。

（二）固氮菌肥料

固氮菌肥料是指含有大量好气性自生固氮菌的生物制品。具有自生固氮作用的微生物种类很多，在生产上得到广泛应用的是固氮菌科的固氮菌属，以圆褐固氮菌应用较多。

1. 基本性质

固氮菌肥料可分为自生固氮菌肥和联合固氮菌肥。自生固氮菌肥是指由人工培育的自生固氮菌制成的微生物肥料，能直接固定空气中的氮素，并产生很多激素类物质刺激经济作物生长。联合固氮菌是指在固氮菌中有一类自由生活的类群，生长于经济作物根表和近根土壤中，靠根系分泌物生存，与植物根系密切。联合固氮菌肥是指利用联合固氮菌制成的微生物肥料，对增加经济作物氮素来源、提高产量、促进经济作物根系的吸收作用，增强抗逆性有重要作用。

固氮菌肥料的剂型有固体、液体、冻干剂三种。固体剂型多为黑褐色或褐色粉末状，湿润松散，含水量 20% ～ 35%，一般菌剂含活菌数 1 亿个 / 克以上，杂菌数小于 15%，pH 值 6 ～ 7.5。液体剂型为乳白色或淡褐色，浑浊，稍有沉淀，无异臭味，含活菌数 5 亿个 / 升以上，杂菌数小于 5%，pH 值 5.5 ～ 7。冻干剂型为乳白色结晶，无味，含活菌数 5 亿个 / 升以上，杂菌数小于 2%，pH 值 6.0 ～ 7.5。

2. 安全施用

固氮菌肥料适用于各种经济作物，可做基肥、追肥和种肥，施用量按说明书确定。也可与有机肥、磷肥、钾肥及微量元素肥料配合施用。

①做基肥。可与有机肥配合沟施或穴施，施后立即覆土。也可蘸秧根或做基肥施在苗床上、与棉花盖种肥混施。②做追肥。把菌肥用水调成糊状，施于作物根部，施后覆土，一般在经济作物开花前施用较好。③做种肥。一般做拌种施用，加水混匀后拌种，将种子阴干后即可播种。对于移栽作物，可采取蘸秧根的方法施用。固体固氮菌肥一般每亩用量 250 ～ 500 克、液体固氮菌肥每亩 100 毫升、冻干剂固氮菌肥每亩用 500 亿 ～ 1000 亿个活菌。

3. 注意事项

固氮菌属中温好气性细菌，最适温度为 25℃ ～ 30℃。要求土壤通气良好，含水量为田间持水量的 60% ～ 80%，最适 pH 值 7.4 ～ 7.6。在酸性土壤（pH 值 < 6）中活性明显受到抑制，因此，施用前须加石灰调节土壤酸度。固氮菌只有在环境中有丰富的碳水化合物而缺少化合态氮时才能进行固氮作用，与有机肥、磷、钾肥及微量元素肥料配合施用，对固氮菌的活性有促进作用，在贫瘠土壤上尤其重要。过酸、过碱的肥料或有杀菌作用的农药都不宜与固氮菌肥混施，以免影响其活性。

（三）磷细菌肥料

磷细菌肥料是指含有能强烈分解有机或无机磷化合物的磷细菌的生物制品。

1. 基本性质

目前，国内生产的磷细菌肥料有液体和固体两种剂型。液体剂型的磷细菌肥料，外观呈棕褐色浑浊液，含活细菌 5 亿 ～ 15 亿个 / 毫升，杂菌数小于 5%，含水量 20% ～ 35%，有机磷细菌 21 亿个 / 毫升，无机磷细菌 22 亿个 / 毫升，pH 值 6.0 ～ 7.5。颗粒剂型的磷细菌肥料，外观呈褐色，有效活细菌数大于 3 亿个 / 克，杂菌数小于 20%，含水量小于 10%，有机质含量 ≥ 25%，粒径 2.5 ～ 4.5 毫米。

2. 安全施用

磷细菌肥料可做基肥、追肥和种肥。

①做基肥。可与有机肥、磷矿粉混匀后沟施或穴施，一般每亩用量为 1.5 ～ 2 千克，施后立即覆土。②做追肥。可将磷细菌肥料用水稀释后在经济作物开花前施用为宜，菌液施于根部。③做种肥。主要是拌种，可先将菌剂加水调成糊状，然后加入种子拌匀，阴干后立即播种，防止阳光直接照射。一般每亩种子用固体磷细菌肥料 1.0 ～ 1.5 千克或液体磷细菌肥料 0.3 ～ 0.6 千克，加水 4 ～ 5 倍稀释。

3. 注意事项

磷细菌的最适温度为 30℃ ～ 37℃，适宜 pH 值 7.0 ～ 7.5。拌种时随配随拌，不宜留存；暂时不用的，应该放置在阴凉处覆盖保存。磷细菌肥料不与农药及生理酸性肥料同时施用，也不能与石灰氮、过磷酸钙及碳酸氢铵混合施用。

六、复合（混）肥料

复合（混）肥料是氮、磷、钾三种养分中至少有两种养分标明量的由化学方法和（或）掺混方法制成的肥料，一般分为复合肥料、复混肥料和掺混肥料。

（一）常见复合肥料

1. 磷酸铵系列

磷酸铵系列包括磷酸一铵、磷酸二铵、磷酸铵和聚磷酸铵，是氮、磷二元复合肥料。

（1）基本性质

磷酸一铵的化学分子式 $NH_4H_2PO_4$，含氮 10% ～ 14%、五氧化二磷 42% ～ 44%。外观为灰白色或淡黄色颗粒或粉末，不易吸潮、结块，易溶于水，其水溶液为酸性，性质稳定，氨不易挥发。

磷酸二铵简称二铵，化学分子式 $(NH_4)_2HPO_4$，含氮 18%、五氧化二磷 46%。纯品白色，一般商品外观为灰白色或淡黄色颗粒或粉末，易溶于水，水溶液中性至偏碱，不易吸潮、结块，相对于磷酸一铵，性质不是十分稳定，在湿热条件下，氨易挥发。

目前，用作肥料的磷酸铵产品，实际是磷酸一铵、磷酸二铵的混合物，含氮 12% ～ 18%、五氧化二磷 47% ～ 53%。产品多为颗粒状，性质稳定，并加有防湿剂以防吸湿分解。易溶于水，水溶液中性。

（2）安全施用

可用作基肥、种肥，也可以叶面喷施。做基肥一般每亩用量 15 ~ 25 千克，通常在整地前结合耕地将肥料施入土壤；也可在播种后开沟施入。做种肥时，通常将种子和肥料分别播入土壤，每亩用量 2.5 ~ 5 千克。

（3）适宜作物和注意事项

基本适合所有土壤和经济作物。磷酸铵不能和碱性肥料混合施用。当季如果施用足够的磷酸铵，后期一般不须再施磷肥，应以补充氮肥为主。施用磷酸铵的作物应补充施用氮、钾肥，同时应优先用在需磷较多的作物和缺磷土壤。磷酸铵用作种肥时要避免与种子直接接触。

2. 硝酸磷肥

硝酸磷肥的生产工艺有冷冻法、碳化法、硝酸－硫酸法，因而其产品组成也有一定差异。

（1）基本性质

主要成分是磷酸二钙、硝酸铵、磷酸一铵，另外还含有少量的硝酸钙、磷酸二铵。含氮 13% ~ 26%、五氧化二磷 12% ~ 20%。冷冻法生产的硝酸磷肥中有效磷 75% 为水溶性磷、25% 为弱酸溶性磷；碳化法生产的硝酸磷肥中磷基本都是弱酸溶性磷；硝酸－硫酸法生产的硝酸磷 30% ~ 50% 为水溶性磷。硝酸磷肥一般为灰白色颗粒，有一定吸湿性，部分溶于水，水溶液呈酸性反应。

（2）安全施用

硝酸磷肥主要做基肥和追肥。做基肥条施、深施效果较好，每亩用量 45 ~ 55 千克。一般是在底肥不足情况下，做追肥施用。

（3）适宜作物和注意事项

硝酸磷肥含有硝酸根，容易助燃和爆炸，在储存、运输和施用时应远离火源，如果肥料出现结块现象，应用木棍将其击碎，不能使用铁锹拍打，以防爆炸伤人。硝酸磷肥呈酸性，适宜施用在北方石灰质的碱性土壤上，不适宜施用在南方酸性土壤上。硝酸磷肥含硝态氮，容易随水流失。硝酸磷肥做追肥时应避免根外喷施。

3. 硝酸钾

（1）基本性质

硝酸钾分子式 KNO_3，含 N13%，含 K_2O46%。纯净的硝酸钾为白色结晶，粗制品略带黄色，有吸湿性，易溶于水，为化学中性，生理中性肥料。在高温下易爆炸，属于易燃易爆物质，在储运、施用时要注意安全。

（2）安全施用

硝酸钾适做旱地追肥，每亩用量一般 5 ~ 10 千克，如用于其他经济作物则应配合单质氮肥以提高肥效。硝酸钾也可做根外追肥，适宜浓度为 0.6% ~ 1%。在干旱地区还可以与有机肥混合做基肥施用，每亩用量 10 千克。硝酸钾还可用来拌种、浸种，浓度为 0.2%。

（3）适宜作物和注意事项

硝酸钾适合各种作物，对烟草、甜菜等喜钾而忌氯的经济作物具有良好的肥效，在豆科作物上反应也比较好。

硝酸钾属于易燃易爆品，生产成本较高，所以用作肥料的比重不大。运输、储存和施用时要注意防高温，切忌与易燃物接触。

（二）复混肥料

复混肥料是基础肥料之间发生某些化学反应。生产上一般根据植物的需要常配成氮、磷、钾比例不同的专用肥，如：棉花专用肥、花生专用肥、油菜专用肥等。

1. 硝铵 – 磷铵 – 钾盐复混肥系列

该系列复混肥可用硝酸铵、磷铵或过磷酸钙、硫酸钾或氯化钾等混合制成，也可在硝酸磷肥基础上配入磷铵、硫酸钾等进行生产。由于该系列复混肥含有部分的硝基氮，可被植物直接吸收利用，肥效快，磷素的配制比较合理，速缓兼容，表现为肥效长久，可做种肥施用，不会发生肥害。

该系列复混肥呈淡褐色颗粒状，氮素中有硝态氮和铵态氮，磷素中 30% ~ 50% 为水溶性磷、50% ~ 70% 为枸溶性磷，钾素为水溶性。有一定的吸湿性，应注意防潮结块。

该肥料一般做基肥和早期追肥，每亩用量 30 ~ 50 千克。不含氯离子的系列肥可作为烟草专用肥施用，效果较好。

2. 磷酸铵 – 硫酸铵 – 硫酸钾复混肥系列

主要有铵磷钾肥，是用磷酸一铵或磷酸二铵、硫酸铵、硫酸钾按不同比例混合而生产的三元复混肥料。也可以在尿素磷酸铵或氯铵普钙的混合物中再加氯化钾，制成单氯或双氯三元复混肥料，但不宜在烟草上施用。

铵磷钾肥的物理性状良好，易溶于水，易被作物吸收利用。主要用作基肥，也可做早期追肥，每亩用量 30 ~ 40 千克。目前主要用在烟草等忌氯经济作物上，施用时可根据需要选用一种适宜的比例，或在追肥时用单质肥料进行调节。

3. 尿素－过磷酸钙－氯化钾复混肥系列

该系列是以尿素、过磷酸钙、氯化钾为主要原料生产的三元系列复混肥料，总养分含量在 28% 以上，还含有钙、镁、铁、锌等中量和微量元素。外观为灰色或灰黑色颗粒，不起尘，不结块，便于装卸和施用，在水中会发生崩解。应注意防潮、防晒、防重压，开包施用最好一次用完，以防吸潮结块。

适用于棉花、油菜、大豆、瓜果等经济作物，一般做基肥和早期追肥，但不能直接接触种子和作物根系。基肥一般每亩 50 ~ 60 千克，追肥一般每亩 10 ~ 15 千克。

4. 尿素－钙镁磷肥－氯化钾复混肥系列

该系列是以尿素、钙镁磷肥、氯化钾为主要原料生产的三元系列复混肥料。由于尿素产生的氨在和碱性的钙镁磷肥充分混合的情况下，易产生挥发损失，因此在生产上采用酸性黏结剂包裹尿素工艺技术，既可降低颗粒肥料的碱性度，施入土壤后又可减少或降低氮素的挥发损失和磷、钾素的淋溶损失，进一步提高肥料利用率。

该产品含有较多营养元素，除含有氮、磷、钾外，还含有 6% 左右的氧化镁、1% 左右的硫、20% 左右的氧化钙、10% 以上的二氧化硅以及少量的铁、锰、锌、钼等微量元素。物理性状良好，吸湿性小。

适用于棉花、油菜、大豆、瓜果等经济作物，特别适用于南方酸性土壤。一般做基肥，但不能直接接触种子和作物根系。基肥一般每亩 50 ~ 60 千克。

5. 氯化铵－过磷酸钙－氯化钾复混肥系列

这类产品是以氯化铵、过磷酸钙、氯化钾为主要原料生产的三元复混肥。该产品物理性状良好，但有一定的吸湿性，储存过程中应注意防潮结块。由于产品中含氯离子较多，适用于棉花、麻类等耐氯经济作物。长期施用易使土壤变酸，因此酸性土壤上施用应配施石灰和有机肥料。不宜在盐碱地以及干旱缺雨的地区施用。

该肥料主要做基肥和追肥施用，基肥一般每亩 50 ~ 60 千克，追肥一般每亩 15 ~ 20 千克。

6. 尿素－磷酸铵－硫酸钾复混肥系列

该系列是以尿素、磷酸铵、硫酸钾为主要原料生产的三元复混肥料，属于无氯型氮磷钾三元复混肥，其总养分量大于 54%，水溶性磷大于 80%。该产品有粉状和粒状两种。粉状肥料外观为灰白色或灰褐色均匀粉状物，不易结块，除了部分填充料外，其他成分均能在水中溶解；粒状肥料外观为灰白色或黄褐色粒状，pH 值 5 ~ 7，不起尘，不结块，便于装、运和施肥。

可作为烟草等忌氯经济作物的专用肥料。主要做基肥和追肥施用，基肥一般每亩

40 ～ 50 千克，追肥一般每亩 10 ～ 15 千克。

（三）掺混肥料

掺混肥料又称配方肥、BB 肥，是由两种以上粒径相近的单质肥料或复合肥料为原料，按一定比例，通过简单的机械掺混而成，是各种原料混合物。这种肥料一般是农户根据土壤养分状况和经济作物需要随混随用。

掺混肥料的优点是生产工艺简单，操作灵活，生产成本较低，养分配比适应微域调控或具体田块作物的需要。与复合、复混肥料相比，掺混肥料在生产、储存、施用等方面有其独特之处。

掺混肥料一般是针对当地经济作物和土壤而生产，因此要因土壤、作物而施用，一般做基肥。

第二节　农作物生产的新型肥料

一、缓控释肥料

以各种调节机制使其养分最初释放延缓，延长植物对其有效养分吸收利用的有效期，使其养分按照设定的释放率和释放期缓慢或控制释放的肥料。其判定标准是在 25℃静水中浸泡 24 小时后未释放出且在 28 天的释放率不超过 75% 的，但在标明释放期其释放能达到 80% 以上的肥料。

（一）缓控释氮肥

缓控释氮肥按其化学性质可分为四类：合成缓溶性有机氮肥（如：脲甲醛、异丁叉二脲、丁烯叉二脲、草酰胺等）、包膜缓释肥料（如：硫衣尿素、涂层尿素、添加硝化抑制剂肥料等）、缓溶性无机肥料、以天然有机质为基体的各种氨化肥料。

1. 脲甲醛

代号为 UF，含脲分子 2 ～ 6 个，白色粒状或粉末状的微溶无臭固体，吸湿性很小，含氮量 36% ～ 38%。施于土壤后主要靠微生物分解，不易淋失，在适宜条件下最后分解为甲醛和尿素，后者进一步水解成二氧化碳和铵供作物吸收利用。脲甲醛常做基肥一次性施入，施在一年生作物上时必须配合施用一些速效氮肥，以避免作物前期因氮素供应不足而生长不良。

2. 丁烯叉二脲

代号为 CDU，白色微溶粉末，不具有吸湿性，长期储存不结块，含氮量 28%～32%。施于土壤后最终分解产物为尿素和羟基丁醛，尿素能被作物吸收利用，β-羟基丁醛易被微生物氧化分解成 CO_2 和水，没有残毒。丁烯叉二脲适宜酸性土壤施用，特别适合糖料作物、烟草、禾谷类作物。常做基肥一次性施入，施在一年生作物上时必须配合施用一些速效氮肥，以避免作物前期因氮素供应不足而生长不良。

3. 异丁叉二脲

代号为 IBDU，是尿素与异丁醛反应的缩合物，白色粉末，不吸湿，水溶性很低，含氮量 32.18%。异丁叉二脲易分解无残毒，是水稻的最好氮源。异丁叉二脲适用于牧草、草坪和观赏作物，不必掺入其他速效氮肥；用于稻、麦、作物时，可掺入一定量的速效氮肥。

4. 草酰胺

代号为 OA，白色粉末，含氮量 31.8%，多以塑料工业的副产品氰酸为原料合成，成本低。施于土壤后矿化作用很快，易导致 NH_3 挥发损失，并可在肥粒处形成碳酸铵，造成局部 pH 值升高，施用时应特别注意。

5. 硫衣尿素

代号为 SCU，含氮量 34.2%，主要成分为尿素和硫黄，其中尿素约 76%、硫黄 19%、石蜡 3%、煤焦油 0.25%、高岭土 1.5%。其氮素释放机理为微生物分解和渗透压，温暖潮湿条件下释放较快，低温干旱时较慢。因此冬性作物施用时须补施速效氮肥。硫衣尿素在甘蔗、作物、牧草、林木、草坪等上施用比水溶性氮肥优越。该产品施用方法同尿素。

6. 涂层尿素

涂层尿素是用海藻胶作为涂层液，再加入适量的微量元素，用高压喷枪将涂层液从造粒塔底部喷至造粒塔上部，使涂层液在尿素的表面形成一层较薄的膜，在尿素表面的余热条件下，水分被蒸发，生产出涂层黄色尿素。涂层尿素施入土壤后，由于海藻胶的作用，可以延缓脲酶对尿素的酶解速度，延长肥效期，提高氮肥利用率。

（二）新型磷肥

新型磷肥是指高浓度或超高浓度的长效磷肥，主要有聚磷酸盐、磷酸甘油酯、酰胺磷酸、包膜磷酸一铵等。

1. 聚磷酸盐

聚磷酸盐的主要成分是焦磷酸、三聚磷酸或环状磷酸，含有效磷（P_2O_5）76%～85%，是一种超高浓度磷肥，具有较高水溶性。其主要特点是：可与金属离子形成可溶性络合物，减少磷的固定；制成液体肥料时，加入微量元素后仍呈可溶态；能在土壤中逐步分解为正磷酸盐，一次足量施用可满足经济作物整个生育期的需要；在酸性土壤上施用不宜被铁、铝固定，在石灰性土壤中易于分解，有效性高。

聚磷酸盐是一种白色小颗粒，粒径 1.4～2.8 毫米。在酸性土壤上施用效果与正磷酸盐相等，在中性和碱性土壤上施用优于正磷酸盐，但其具有较长的后效，其后效超过正磷酸盐。

2. 磷酸甘油酯

磷酸甘油酯是一种有机磷化合物，含有效磷（P_2O_5）41%～46%，溶于水。其主要特点是：即使与钙结合也能保持水溶性，不被土壤固定；施用方便，可以撒施，也可以与灌溉水结合施入土壤；在土壤中被磷酸酶水解为正磷酸盐后缓慢供作物利用。

二、新型水溶肥料

新型水溶肥料是一种可以溶于水的多元素复合肥料，它能迅速地溶解于水中，更容易被作物吸收，而且其吸收利用率相对较高。

（一）新型水溶肥料类型

1. 微量元素水溶肥料

微量元素水溶肥料是由铜、铁、锰、锌、硼、钼微量元素按照所需比例制成的或单一微量元素制成的液体或固体水溶肥料。外观要求：均匀的液体；均匀、松散的固体。

2. 大量元素水溶肥料

大量元素水溶肥料是一种可以完全溶于水的多元素全水溶肥料，它能迅速地溶解于水中，更容易被作物吸收，而且其吸收利用率相对较高，营养全面用量少见效快的速效肥料。经水溶解或稀释，用于灌溉施肥、叶面施肥、无土栽培、浸种蘸根等用途的液体或固体肥料。

3. 氨基酸型水溶肥料

氨基酸型水溶肥料是以游离氨基酸为主体的，按适合植物生长所需比例，添加适量钙、镁中量元素或铜、铁、锰、锌、硼、钼微量元素而制成的液体或固体水溶肥料。

4. 腐殖酸型水溶肥料

腐殖酸型水溶肥料是以适合植物生长所需比例的矿物源腐殖酸，添加适量比例的氮、磷、钾大量元素或铜、铁、锰、锌、硼、钼微量元素而制成的液体或固体水溶肥料。

5. 糖醇螯合水溶肥料

糖醇螯合水溶肥料是以作物对矿质养分的需求特点和规律为依据，可以用糖醇复合体生产出含有镁、硼、锰、铁、锌、铜等微量元素的液体肥料。除了这些矿质养分对作物的产量和品质的营养功能外，糖醇物质对于作物的生长也有很好的促进作用：一是补充的微量元素促进作物生长；二是植物在盐害、干旱、洪涝等逆境胁迫下，糖醇可通过调节细胞渗透性使植物适应逆境生长，提高抗逆性；三是细胞内糖醇的产生，可以提高对活性氧的抗性，避免由于紫外线、干旱、病害、缺氧等原因造成的活性氧损伤。由于糖醇螯合液体肥料产品具有无与伦比的养分高效吸收和运输的优势，即使在使用浓度较低的情况下，非常高的养分吸收效率也能完全满足作物的需求，其增产优质的效果甚至超过同类高浓度叶面肥产品。

6. 含海藻酸型水溶肥料

含海藻酸型水溶肥料的活性物质是从天然海藻中提取的，主要原料是鲜活海藻，一般是大型经济藻类，如：臣藻、海囊藻、昆布等。其生产工艺有化学提取、发酵、低温物理方式提取等，一般而言，物理方法处理的海藻提取物具有较高的植物活性，含有丰富的维生素、海藻多糖和多种植物生长调节剂，如：生长素、赤霉素、类细胞分裂素、多酚化合物及抗生素物质等，可刺激作物体内活性因子的产生和调节内源激素的平衡。主要作用是可刺激根系的发育和对营养物质的吸收，显著提高作物的抗病、抗盐碱、低温等抗逆能力。

7. 肥药型水溶肥料

在水溶肥料中，除了营养元素，还会加入一定数量不同种类的农药和除草剂等。不仅可以促进作物生长发育，还具有防治病虫害和除草功能，是一类农药和肥料相结合的肥料，通常可分为除草专用肥、除虫专用肥、杀菌专用肥等。但作物对营养调节的需求与病虫害的发生不一定同时，因此在开发和使用药肥时，应根据作物的生长发育特点，综合考虑不同作物的耐药性以及病虫害的发生规律、习性、气候条件等因素，尽量避免药害。

（二）新型水溶肥料的安全施用

新型水溶肥料不但配方多样而且使用方法十分灵活，一般有以下三种：

第一，土壤浇灌。通过土壤浇水或者灌溉的时候，先行混合在灌溉水中，这样可以让植物根部全面地接触到肥料，通过根的呼吸作物把化学营养元素运输到植株的各个组织中。

第二，叶面施肥。把水溶性肥料先行稀释溶解于水中进行叶面喷施，或者与非碱性农药一起溶于水中进行叶面喷施，通过叶面气孔进入植株内部。对于一些幼嫩的植物或者根系不太好的作物出现缺素症状时是一个最佳纠正缺素症的选择，极大地提高了肥料吸收利用效率，节约植物营养元素在植物内部的运输过程。

第三，滴灌和无土栽培。在一些沙漠地区或者极度缺水的地方，人们往往用滴灌和无土栽培技术来节约灌溉水并提高劳动生产效率。这时植物所需要的营养可以通过水溶性肥料来获得，既节约了用水，又节省了劳动力。

（三）新型肥料施用注意事项

新型水溶肥料主要用作叶面喷施和浸种，适用于多种作物。浸种时一般用水稀释100倍，浸种6～8小时，沥水晾干后即可播种。而叶面喷施应注意以下几点：

第一，喷施浓度。喷施浓度以既不伤害作物叶面，又可节省肥料，提高功效为目标。一般可参考肥料包装上推荐浓度。一般每亩喷施40～50千克溶液。

第二，喷施时期。喷施时期多数在苗期、花蕾期和生长盛期。溶液湿润叶面时间要求能维持0.5～1小时，一般选择傍晚无风时进行喷施较宜。

第三，喷施部位。应重点喷洒上、中部叶片，尤其是多喷洒叶片反面。若为果树则应重点喷洒新梢和上部叶片。

第四，增添助剂。为提高肥液在叶片上的黏附力，延长肥液湿润叶片时间，可在肥料溶液中加入助剂（如：中性洗衣粉、肥皂粉等），提高肥料利用率。

第五，混合喷施。为提高喷施效果，可将多种水溶肥料混合或肥料与农药混合喷施，但应注意营养元素之间的关系、肥料与农药之间是否有害。

三、新型复混肥料

（一）有机无机复混肥料

1.有机无机复混肥料技术指标

有机无机复混肥料是以无机原料为基础，填充物采用烘干鸡粪、经过处理的生活垃圾、污水处理厂的污泥及草炭、蘑菇渣、氨基酸、腐殖酸等有机物质，然后经造粒、干燥后包装而成。

2.有机无机复混肥的安全施用

一是做基肥。旱地宜全耕层深施或条施；水田是先将肥料均匀撒在耕翻前的湿润土面，耕翻入土后灌水，耕细耙平。二是做种肥。可采用条施或穴施，将肥料施于种子下方3～5厘米，防止烧苗；如用于拌种，可将肥料与1～2倍细土拌匀，再与种子搅拌，随拌随播。

（二）生物有机肥

生物有机肥是指特定功能的微生物与经过无害化处理、腐熟的有机物料（主要是动植物残体）复合而成的一类肥料，兼有微生物肥料和有机肥料效应。生物有机肥按功能微生物的不同可分为固氮生物有机肥、解磷生物有机肥、解钾生物有机肥、复合生物有机肥等。

生物有机肥根据经济作物的不同选择不同的施肥方法，常用的施肥方法如下：①种施法。机播时，将颗粒生物有机肥与少量化肥混匀，随播种机施入土壤。②撒施法。结合深耕或在播种时将生物有机肥均匀地施在根系集中分布的区域和经常保持湿润状态的土层中，做到土肥相融。③条状沟施法。条播作物开沟后施肥播种。④穴施法。点播或移栽作物，如棉花等，将肥料施入播种穴，然后播种或移栽。⑤蘸根法。对有些移栽作物，按生物有机肥加5份水配成肥料悬浊液，浸蘸苗根，然后定植。⑥盖种肥法。开沟播种后，将生物有机肥均匀地覆盖在种子上面。一般每亩施用量为100～150千克。

（三）稀土复混肥料

稀土复混肥是将稀土制成固体或液体的调理剂，以每吨复混肥加入0.3%的硝酸稀土的量配入生产复混肥的原料而生产的复混肥料。施用稀土复混肥不仅可以起到叶面喷施稀土的作用，还可以对土壤中一些酶的活性有影响，对植物的根有一定的促进作用。施用方法同一般复混肥料。

（四）功能性复混肥料

1. 除草专用药肥

除草专用药肥因其生产简单、适用，又能达到高效除草和增加作物产量的目的，故受到农民朋友的欢迎。但不足之处是目前产品种类少，功能过于单一，因此在制定配方时应根据主要作物、土壤肥力、草害情况等综合因素来考虑。

除草专用药肥的作用机理：施用药肥后能有效杀死多种杂草，有除杂草并吸收土壤中养分的作用，使土壤中有限的养分供作物吸收利用，从而使作物增产；有些药肥是以包衣剂的形式存在，客观上造成肥料中的养分缓慢释放，有利于提高肥料的利用率；除草专用药肥在作物生长初期有一定的抑制作用，而后期又有促进作用，还能增强作物的抗逆能力，

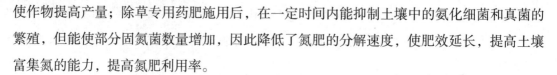

使作物提高产量；除草专用药肥施用后，在一定时间内能抑制土壤中的氨化细菌和真菌的繁殖，但能使部分固氮菌数量增加，因此降低了氮肥的分解速度，使肥效延长，提高土壤富集氮的能力，提高氮肥利用率。

2. 防治线虫和地下害虫的无公害药肥

该药肥是选用烟草秸秆及烟草加工下脚料，或辣椒秸秆及辣椒加工下脚料，或菜籽饼；配以尿素、磷酸一铵、钾肥等肥料，并添加氨基酸螯合微量元素肥料、稀土及有关增效剂等生产而成。产品一般含氮磷钾等总养分量大于 20%，有机质含量大于 50%，微量元素含量大于 0.9%，腐殖酸及氨基酸含量大于 4%，有效活菌数 0.2 亿个 / 克，pH 值 5 ~ 8，水分含量小于 20%。该产品能有效消除根结线虫、地老虎等，同时具有抑菌功能，还可促进作物生长，提高品质，增产增收。

3. 防治枯黄萎病的无公害药肥

该药肥追施剂型是利用含动物胶质蛋白的屠宰场废弃物、豆饼粉、植物提取物、中草药提取物、生物提取物、水解助剂、硫酸钾、磷酸铵、中微量元素，以及添加剂、稳定剂、助剂等加工生产而成。基施剂型是利用氮肥、重过磷酸钙、磷酸一铵、钾肥、中量元素、氨基酸螯合微量元素、稀土、有机原料、腐殖酸钾、发酵草炭、发酵畜禽粪便、生物制剂、增效剂、助剂、调理剂等加工生产而成的。

利用液体或粉剂产品对棉花、瓜类、茄果类作物等种子进行浸种或拌种后再播种，可彻底消灭种子携带的病菌，预防病害发生；用颗粒剂型产品做基肥，既能为作物提供养分，还能杀灭土壤中病原菌，减少作物枯黄萎病、根腐病、土传病等危害；在作物生长期施用液体剂型进行叶面喷施，既能增加作物产量，还能预防病害发生。

四、土壤调理剂

（一）土壤调理剂种类

根据主要成分，目前土壤调理剂可分为如下几种：①无机土壤调理剂。不含有机物，也不标明氮、磷、钾或微量元素含量的调理剂。②添加肥料的无机土壤调理剂。具有土壤调理剂效果的含肥料的无机土壤调理剂。③石灰物质。含有钙和（或）镁元素的无机土壤调理剂。通常钙和镁以氧化物、氢氧化物或碳酸盐形式存在。④有机土壤调理剂。来源于植物或动植物的产品，也有来自合成的高聚物，用于改善土壤的物理性质和生物活性。⑤有机无机土壤调理剂。其可用物质和元素来源于有机和无机的产品，由有机土壤调节剂和含钙、镁（或）硫的土壤调理剂混合或化合制成。

（二）土壤调理剂的安全施用

1. 施用量

一般根据土壤和土壤调理剂性质选择适当的用量，如：聚电解质聚合物调理剂能有效改良土壤物理性质的最低用量为 10 毫克 / 千克，适宜用量为 100 ~ 2000 毫克 / 千克。具体施用量参考施用说明书。

2. 施用方法

目前施用的土壤调理剂多为水溶性土壤调理剂，并多采用喷施、灌施的技术方法。固态调理剂一般作为基肥撒施。

3. 施用时注意事项

施用前要求把土壤耙细晒干；两种以上调理剂混合施用效果更好；尽量与有机肥、化肥配合施用。

第三节 农作物生产的肥料组合

一、无公害经济作物生产施肥内涵

（一）无公害经济作物生产对肥料的基本要求

1. 无公害经济作物生产允许施用的肥料

无公害农产品生产中允许施用的肥料种类有有机肥、无机肥、微生物肥料、叶面肥料、微量元素肥料、复合（混）肥料、其他肥料等。

（1）有机肥料

就地取材、就地使用的各种有机肥料，由含有大量生物物质的动植物残体、排泄物、生物废物等积制而成，包括堆肥、沤肥、厩肥、沼气肥、绿肥、作物秸秆肥、泥肥、饼肥等。

（2）化学肥料

矿物经物理或化学工业方式制成，养分呈无机盐形式的肥料。包括矿物钾肥和硫酸钾、矿物磷肥（磷矿粉）、煅烧磷酸盐（钙镁磷肥、脱氟磷肥）、石灰、石膏、硫黄等。

（3）微生物制剂

根据微生物肥料对改善植物营养元素的不同，可分成五类：根瘤菌肥料、固氮菌肥料、磷细菌肥料、硅酸盐细菌肥料、复合微生物肥料。

（4）叶面肥料

以大量元素、微量元素、氨基酸、腐殖酸为主配制成的叶面喷施肥料，喷施于植物叶片并能被其吸收利用，包括含微量元素的叶面肥和含植物生长辅助物质的叶面肥料等。叶面肥料中不得含有化学合成的生长调节剂。

（5）微量元素肥料

以铜、铁、锌、锰、硼、钼等微量元素为主配制的肥料。

（6）复合（混）肥料

主要指以氮、磷、钾中两种以上的肥料按科学配方配制而成的有机和无机复合（混）肥料。

（7）其他肥料

有机食品、绿色食品生产允许使用的其他肥料。

2.无公害经济作物生产肥料施用要求

（1）AA级绿色食品肥料施用要求

AA级绿色食品肥料施用要求是禁止施用任何化学合成肥料；必须施用农家肥；在以上肥料不能满足AA级绿色食品生产需要时，允许施用商品肥料；禁止施用城市的垃圾和污泥、医院的粪便垃圾和含有毒物质的垃圾；可采用秸秆还田、过腹还田、直接翻压还田、覆盖还田等形式，增加土壤肥力；利用覆盖、翻压、堆沤等方式合理利用绿肥。绿肥应在盛花期翻压，翻压深度为15厘米左右，盖土要严，翻后耙匀，压青后15～20天才能进行播种或移苗；腐熟的沼气液、残渣及人、畜粪尿可用作追肥，严禁施用未腐熟的人粪尿；饼肥优先用于水果、作物等，严禁施用未腐熟的饼肥；微生物肥料可用于拌种，也可做基肥和追肥施用。

（2）A级绿色食品肥料施用要求

AA级绿色食品生产允许施用的肥料；在以上肥料不能满足A级绿色食品生产需要的情况下，允许施用掺和肥（有机氮和无机氮之比不超过1∶1）；在前面两项肥料不能满足生产需要时，允许化学肥料（氮肥、磷肥、钾肥）与有机肥料混合施用，但有机氮与无机氮之比不超过1∶1。化学肥料也可与有机肥、复合微生物肥配合施用。禁止将硝态氮肥与有机肥，或与复合微生物肥配合施用；对前面所提到的两种掺和肥，对农植物最后一次追肥必须在收获前30天进行。

（二）测土配方施肥对无公害经济作物生产的作用

1. 提高耕地质量

科学、合理地施用肥料可增加作物的经济产量和生物产量，因此增加了留在土壤中的作物残体量，这对改善土壤理化性状，提高易耕性和保水性能，增强养分供应能力都有促进作用。长期施用单一肥料是造成土壤板结的主要原因，通过合理、平衡施用化肥，就可以保持和增加土壤孔隙度和持水量，避免板结情况的发生。

2. 改善农产品品质

农产品品质包括外观、营养价值（蛋白质、氨基酸、维生素等）、耐储性等，都与肥料有密切的关系。施肥对农产品品质产生正面影响还是负面影响，取决于施用方法。过多地施用单一化肥，会对农产品品质产生负面影响，但如果能够平衡施肥，则会促进农产品品质的提高。

3. 确保农产品安全

控制硝酸盐的过多积累，是无公害农产品生产的关键。农产品中硝酸盐超标主要是过量使用氮肥所致，而合理施肥可大大降低硝酸盐含量。因此，改进施肥技术，能有效控制硝酸盐积累，实现优质高产。

4. 减少污染

由于测土配方施肥技术综合考虑了土壤、肥料、作物三方面的关系，考虑了有机肥与无机肥的配合施用，考虑了无机肥中氮、磷、钾及微量元素的合理配比，因此作物能均衡吸收利用，提高了肥料利用率，减少肥料流失，保护了农业生态环境，减少污染，有利于农业可持续发展。

（三）无公害经济作物生产的施肥技术

1. 合理利用有机肥资源

一是合理分配现有有机肥资源，将其重点分配在经济植物上。二是加强有机肥养分再循环，开发利用城市有机肥源，生产商品有机肥料。三是推广秸秆还田技术，缓解有机肥源和钾肥资源不足。四是积极发展绿肥，扩大绿肥种植面积。

2. 有机肥与无机肥配合施用

有机肥养分含量齐全，既有氮、磷、钾、钙、镁、硫等大、中量元素，又有铜、锌、铁等微量元素及糖类、脂肪等营养物质。合理施用有机肥，不但能增加作物产量，而且能提高经济作物产品的营养品质、商品品质，还可改善食品卫生（如降低硝酸盐含量）。

有机肥与化肥配合使用，有利于土壤有机质更新，激发原有腐殖质的活性，提高土壤阳离子的代换量；有利于提高土壤酶的活性，增加作物对养分的吸收性能、缓冲性能和作物的抗逆性能；有利于协调氮素均衡稳定、长效，提高氮、磷、钾肥利用率，缓解施肥比例失调状况；有利于改善农作物品质，提高蛋白质、氨基酸等营养成分含量，减少农产品中的硝酸盐、亚硝酸盐含量。

3. 科学施用化肥

无公害绿色食品生产要从平衡施肥、控制农药入手。在种植业生产中，肥料投入特别是化学肥料的投入，几乎占总的物资投入的一半左右，化肥是农作物获得高产的保证，也是农产品在产量和质量上提高和突破的保证。科学施用化肥可以改变作物的代谢方向，促进作物体内蛋白质、淀粉、蔗糖、脂肪、生物碱和其他有用物质的积累，从而达到改善品质的目的；反之，过量或不合理施用化肥，则会造成土壤污染，农产品质量下降，甚至会造成毒害。目前，我国农民施肥依然以尿素、二铵为主，在科学施肥方面存在一些盲目性，每年时有病害发生，造成减产，增加防病治病的投入，影响农产品质量，减产减收。所以说，平衡施肥是农业生产中的关键。

4. 改进施肥方法，改善农田环境

施肥方法合理与否不仅直接影响作物产量，而且对农田生态环境有较大影响。针对目前施肥现状应采取以下措施：第一，大力推广化肥深施技术，提高氮素化肥利用率，千方百计地减少其挥发、淋失、反硝化所造成的环境污染；第二，变单一的土壤施肥为土施与叶面喷施相结合，以降低土壤溶液浓度，净化土壤环境；第三，依据抗旱节水的原则提出如下施肥建议，即控氮、施磷、补钾，采取前促中轻后补的施肥方法，达到节水节肥、提高肥料利用率、改善农产品品质、改善农田生态环境的目的。

二、无公害经济作物生产施用的肥料组合

（一）经济作物生产套餐肥料组合定义

经济作物套餐肥料组合是根据经济作物营养需求特点，考虑到最终为人体营养服务，在增加产量的基础上，能够改善农产品品质，确保农产品安全，减少环境污染，减少农业生产环节，并能提供多种营养需求的组合肥料。属于多功能肥料，不仅具有提供经济作物养分的功能，往往还具有一些附加功能；也属于新型肥料范畴，不仅含有氮、磷、钾、中微量元素，往往还有有机生长素、增效剂、添加剂等功能性物质。经济作物套餐肥料组合

包括专用底肥、专用追肥、专用根外追肥等。

（二）经济作物生产套餐肥料组合的特点

经济作物生产套餐肥料组合是测土配方施肥技术与营养套餐理念相结合的产物，是大量营养元素与中微量营养元素相结合、有机营养元素与无机营养元素相结合、肥料与其他功能物质相结合、根部营养与叶部营养相结合、基肥种肥追肥相结合的产物。

1. 提高耕地质量

由于经济作物生产套餐肥料组合产品中含有有机物质或活性有机物物质和经济作物需要的多种营养元素，具有一定的保水性和改善土壤理化性状，改善经济作物根系生态环境作用，施用后可增加经济作物产量，增加了留在土壤中的残留有机物，上述诸多因素对提高土壤有机质含量、增加土壤养分供应能力、提高土壤保水性、改善土壤宜耕性等方面都有良好作用。

2. 提高产量、耐储性等

经济作物生产套餐肥料是在测土配方施肥技术的基础上，根据某个地区、某种经济作物的需要生产的一个组合肥料，考虑到根部营养和后期叶部营养，营养全面，功能多样化，因此，施用后在改良土壤的基础上优化经济作物根系生态环境，能使经济作物健壮生长发育，促进经济作物提高产量。

3. 改善经济作物品质

施用经济作物生产套餐肥料组合，可促进经济作物品质的改善，如：增加蛋白质、维生素、脂肪等营养成分；肥料中的有机物质或活性微生物能够减少化肥、农药等有害物质的残留，提高经济作物的外观色泽和耐储性等。

4. 确保经济作物安全，减少环境污染

经济作物生产套餐肥料组合考虑了土壤、肥料、作物等多方面关系，考虑了有机营养与无机营养、营养物质与其他功能性物质、根际营养与叶面营养等配合施用，因此肥料利用率高，减少肥料的损失和残留；同时肥料中的有机物质或活性微生物能够减少化肥、农药等有害物质的残留，减少污染，确保经济作物安全和保护农业生态环境。

（三）无公害经济作物生产主要套餐肥料组合

1. 增效肥料

增效肥料是一些化学肥料等，在基本不改变其生产工艺的基础上，增加简单设备，向肥料中直接添加增效剂所生产的增值产品。增效剂是指利用海藻、腐殖酸和氨基酸等天然物质经改性获得的、可以提高肥料利用率的物质。经过包裹、腐殖酸化等可提高单质肥料的利用率，减少肥料损失，作为营养套餐肥的追肥品种。

（1）包裹型长效腐殖酸尿素

包裹型长效腐殖酸尿素是用腐殖酸经过活化在少量介质参与下，与尿素包裹反应生成腐脲络合物及包裹层。产品核心为尿素，尿素的表层为活性腐殖酸与尿素反应形成络合层，外层为活性腐殖酸包裹层，包裹层量占产品的 10% ~ 20%（不同型号含量不同）。产品含氮 ≥ 30%，有机质含量 ≥ 10%，中量元素含量 ≥ 1%，微量元素含量 ≥ 1%。

（2）硅包缓释尿素

硅包缓释尿素以硅肥包裹尿素，消除化肥对农产品质量的不良影响，同时提高化肥利用率，减少尿素的淋失，提高土壤肥力，方便农民使用。肥料中加入中微量营养元素，可以平衡作物营养。硅包缓释尿素减缓氮的释放速度，有利于减少尿素的流失。硅包缓释尿素使用高分子化合物作为包裹造粒黏合剂，使粉状硅肥与尿素紧密包裹，延长了尿素的肥效，消除了尿素的副作用，使产品具有"抗倒伏、抗干旱、抗病虫，促进光合作用、促进根系生长发育、促进养分利用"的"三抗三促"功能。

（3）树脂包膜的尿素

树脂包膜的尿素是采用各种不同的树脂材料，主要由于释放慢，起到长效和缓效的作用，可以减少一些作物追肥的次数。经济作物特别是一些地膜覆盖栽培的经济作物使用长效（缓效）肥可以减少施肥的次数，提高肥料的利用率，节省肥料。试验结果表明使用包衣尿素可以节省常规用量的 50%。

2. 有机酸型专用肥及复混肥

有机酸型专用肥及复混肥主要有有机酸型经济作物专用肥、腐殖酸型高效缓释复混肥、腐殖酸涂层缓释肥、含促生真菌有机无机复混肥等。

（1）有机酸型经济作物专用肥

有机酸型经济作物专用肥是根据不同经济作物的需肥特性和土壤特点，在测土配方施肥基础上，在传统经济作物专用肥基础上添加腐殖酸、氨基酸、生物制剂、螯合态微量元素、中量元素、生物制剂、增效剂、调理剂等，进行科学配方设计生产的一类有机无机复混肥料。其剂型有粉粒状、颗粒状和液体三种，可用于基肥、种肥和追肥。

（2）腐殖酸型高效缓释复混肥

腐殖酸型高效缓释复混肥是在复混肥产品中配制了腐殖酸等有机成分，采用先进生产工艺与制造技术，实现化肥与腐殖酸肥的有机结合，大、中、微量元素和有益元素的结合。腐殖酸型高效缓释复混肥具有以下特点：一是有效成分利用率高。腐殖酸型高效缓释复混肥中氮的有效成分利用率可达 50% 左右，比尿素提高 20%；有效磷的利用率可达 30% 以上，比普通过磷酸钙高出 10% ~ 16%。二是肥料中的腐殖酸成分，能显著促进作物根系生长，有效地协调作物营养生长和生殖生长的关系。

（3）腐殖酸涂层缓释肥

腐殖酸涂层缓释肥，有的也称腐殖酸涂层长效肥、腐殖酸涂层缓释 BB 肥等。它是应用涂层肥料专利技术，配合氨酸造粒工艺生产的多效螯合缓释肥料。腐殖酸涂层缓释肥与以塑料（树脂）为包膜材料的缓控释肥不同，腐殖酸涂层缓释肥料选择的缓释材料都可当季转化为经济作物可吸收的养分或成为土壤有机质成分，具有改善土壤结构，提升可持续生产能力的作用。

3. 功能性生物有机肥

生物有机肥是指特定功能微生物与主要以动植物残体为来源并经无害化处理、腐熟的有机物料复合而成的一类兼具微生物肥料和有机肥效应的肥料。

（1）生态生物有机肥

生态生物有机肥是选用优质有机原料，采用生物高氮源发酵技术、好氧堆肥快速腐熟技术、复合有益微生物技术等高新生物技术，生产的含有生物菌的一种生物有机肥。一般要求产品中生物菌数 0.2 亿个 / 克或 0.5 亿个 / 克，有机质含量 ≥ 20%。

生态生物有机肥营养元素齐全，能够改良土壤，改善使用化肥造成的土壤板结。改善土壤理化性状，增强土壤保水、保肥、供肥的能力。生物有机肥中的有益微生物进入土壤后与土壤中微生物形成相互间的共生增殖关系，抑制有害菌生长并转化为有益菌，相互作用，相互促进，起到群体的协同作用，有益菌在生长繁殖过程中产生大量的代谢产物，促使有机物的分解转化，能直接或间接为作物提供多种营养和刺激性物质，促进和调控作物生长，提高土壤孔隙度、通透交换性及植物成活率，增加有益菌和土壤微生物及种群。

（2）高效微生物功能菌肥

高效微生物功能菌肥是在生物有机肥生产中添加氨基酸或腐殖酸、腐熟菌、解磷菌、解钾菌等而生产的一种生物有机肥。一般要求产品中生物菌数 0.2 亿个 / 克，有机质含量 ≥ 40%，氨基酸含量 ≥ 10%。

4. 螯合态高活性水溶肥

（1）高活性有机酸水溶肥

高活性有机酸水溶肥是利用当代最新生物技术精心研制开发的一种高效特效腐殖酸类、氨基酸类、海藻酸类等有机活性水溶肥，产品中 N ≥ 80 克 / 升，P_2O_5 ≥ 50 克 / 升、K_2O ≥克 / 升，腐殖酸（或氨基酸或海藻酸）≥ 50 克 / 升。

（2）螯合型微量元素水溶肥

螯合型微量元素水溶肥是将氨基酸、柠檬酸、EDTA 等螯合剂与微量元素有机结合起来，并可添加有益微生物生产的一种新型水溶肥料。一般产品要求微量元素含量 28%。这类肥料溶解迅速，溶解度高，渗透力极强，内含螯合态微量元素，能迅速被作物吸收，促进光合作用，提高碳水化合物的含量，修复叶片阶段性失绿。增加作物抵抗力，能迅速缓解各种作物因缺素所引起的倒伏、脐腐、空心开裂、软化病、黑斑、褐斑等众多生理性症状。

（3）活力钾、钙、硼水溶肥

该类肥料是利用高活性生化黄腐酸（黄腐酸属腐殖酸中分子量最小、活性最大的组分）添加钾、钙、硼等营养元素生产的一类新型水溶肥料。要求黄腐酸含量 ≥ 30%，其他元素含量达到水溶标准要求，如：有效钙180克/升、有效硼100克/升。

第六章 农作物配方施肥的基本原则

第一节 培肥地力的可持续原则

一、培肥地力是农业可持续发展的根本

土壤是农业生产最基本的生产资料和作物生长发育的场所，地力是土地能够生长植物的能力。地力水平处在不断的发展变化之中，地力的高低及变化趋势不仅取决于土壤本身的物质特性，更受到外部自然环境因素以及人类社会生产活动的影响。对于农田土壤，人类的农业生产活动对地力的影响远远超过了土壤本身的物质特性。人类的农业生产活动如施肥、耕作、轮作等农田管理措施，不仅直接影响着地力发展变化的方向和速度，而且决定着农业生产的水平和发展趋势，更决定着人类生存状况与质量，只有树立培肥地力的观点，才能实现农业可持续发展。

土壤在农业生产中虽是一种可重复利用的自然资源，但不合理的开发和利用势必违反地力发展的客观规律，如：植被的破坏造成大面积的水土流失，使土壤中大量的营养物质得不到保存，而随水冲失；草原过度放牧造成严重风蚀，使土地发生沙化和荒漠化，丧失了维持植物生长所必需的水肥条件；不恰当的灌溉导致土地盐碱化，恶化了植物的生长环境。总之，一味地从土壤中索取，用地而不养地，进行掠夺式的经营等，都会导致地力的下降，使土地这一宝贵的自然资源失去或降低其农业利用的价值，最终会导致农业生产不能够持续下去。

地力的维持和提高是农业生产可持续进行的基本保证，不断培肥地力可使农业生产得到持续的发展和提高，从而可以满足世界不断增长的人口和由于生活水平的提高对农产品在量上和质上不断提高的需求。

二、施肥是培肥地力的有效途径

许多耕作栽培措施，诸如耕作、施肥、灌溉、轮作等都具有一定的培肥地力的作用，其中施肥是培肥地力最有效和最直接的途径，这是因为有机肥与化肥在培肥地力上有独特的作用。

（一）有机肥在培肥地力中的作用

有机肥中富含有机质、多种矿质营养元素和大量微生物，不仅可以直接供给作物所需要的有机和无机养分，而且在改良和培肥土壤方面有着重要的作用。主要表现在：①提高土壤有机质含量，改善土壤的理化性质。长期施用有机肥提高了土壤的有机质含量，并促进了团粒结构特别是水稳性团粒结构的形成，提高了土壤的孔隙度、吸水保水性、吸热保湿性，协调了土壤水、肥、气、热之间的矛盾；有机肥中腐殖质带有较多的负电荷，阳离子代换量一般比土壤矿物黏粒大 10 ~ 20 倍，因此，施用有机肥可提高土壤阳离子代换量，增强土壤保肥供肥能力；有机肥中的有机质和腐殖酸具有较高的缓冲性能，可以调节土壤 pH 值的变化和减轻一些有害元素的活性和危害。②增强土壤生物活性，促进土壤养分的有效化，提高土壤有效养分含量。有机肥中存在有大量的种类繁多的微生物，有机肥的施用不仅将其所含的微生物带入了土壤，更主要的是为土壤微生物的生命活动提供了充足的能源物质和营养物质，可激发土壤微生物的活性，一方面促进土壤有机质的矿质化，另一方面促进土壤有机质的腐殖化，既为作物提供营养物质，又可培肥地力。

（二）化肥在培肥地力中的作用

有机肥培肥地力的作用已是公认的事实，但化肥是否具有培肥地力的作用却是人们长期争论的一个问题。个别地区由于不合理地长期、大量施用化肥确实出现一些土壤肥力下降的现象，如：土壤有机质含量降低、板结、盐碱化，一些生理酸性肥料如硫酸铵、氯化铵等长期大量施用导致土壤酸化等问题，因而使人们对化肥产生了误解，认为长期单独施用化肥会使土壤肥力下降。化肥对土壤的培肥作用概括起来可分为直接的和间接的两个方面。

1.直接作用

由于化肥多为养分含量较高的速效性肥料，施入土壤后一般都会在一定时段内显著地提高土壤有效养分的含量，但不同种类的化肥其有效成分在土壤中的转化、存留期的长短以及后效等是极不相同的。所以，它们的培肥地力的作用也是不相同的。①对于氮肥，在中低产条件下，一方面土壤对残留氮的保持能力很弱，残留氮多通过不同途径从土壤中损失掉；另一方面虽然一部分氮进入了有机氮库，以有机态氮残存于土壤中，可占到施用化肥氮总量的15% ~ 30%，但一部分土壤氮代替了转变为有机氮库的氮肥被作物吸收利用了，因而单施氮肥不能显著和持续地增加土壤有机氮库或提高土壤全氮含量。虽然长期施用氮肥不会显著地增加土壤含氮量，但土壤供氮能力有明显提高，并与氮肥的用量成正相关。其原因是氮肥提高了生物量、根茬和根分泌物的数量，即增加了直接归还土壤的有机氮量，虽然增加的有机氮数量有限，但其残效是可以累加的，多年之后便可显示出供氮能力有所提高；另一个可能的原因是，持续施用氮肥可提高土壤中微生物的含量和加快土壤微生物体氮的周转率，从而提高了土壤供氮能力。②对于磷肥，由于绝大多数土壤对磷有强大的吸持固定力，尽管其当季利用率10%～25%，较氮肥和钾肥低得多，但残留在土壤中的磷几乎不能随土壤中的水淋失，因而可以在土壤中积累起来；残留在土壤中的化肥磷绝大部分存在于非活性磷库中，仅有少部分存在于土壤的有效磷库中，但二者之间存在动力学平衡，当土壤有效磷库中的磷由于作物的吸收而降低后，非活性磷库中的磷可以不同的方式和速度释放出来而进入有效磷库。因而，被土壤所吸持固定的残留肥料磷并不完全失去对作物的有效性，反而使土壤具有强大和持续的供磷能力。③对于钾肥，温带地区富含2∶1型黏土矿物的黏质土壤对钾离子有较强的吸持力，残留于土壤中的钾离子很少随水淋失，因而在这些土壤上持续施用钾肥可以不断扩大土壤的有效钾库，增强土壤的供钾能力。但是缺乏2∶1型黏土矿物的热带、亚热带土壤对钾离子的吸持作用很弱，残留于土壤中的肥料钾会随水流失，因而在这类土壤上不能采用连续大量施用钾肥的方式来扩大土壤有效钾库和增强土壤的供钾能力，只能采用少量多次的施用方式，以提高钾肥的利用率和施肥效益。

2. 间接作用

化肥的施用不仅提高了作物产量，同时也增大了农家肥和有机质的资源量，使归还土壤的有机质数量增加，从而起到培肥土壤的间接作用。前一年施入土壤的化肥增加了作物产量，多供养了人、畜，有相当部分变成了下一年的有机肥，故化肥既是当季作物的增产手段，又是下季作物的有机肥源和土壤的培肥手段。这样以化肥换取有机肥，就可以通过有机肥发挥化肥间接培肥土壤的作用。

我国农家肥氮、磷来自化肥氮、磷的比例都将超过70%，农家肥中钾来自化肥钾的比例也会增加，但在短期内不可能成为主要部分，土壤钾仍将是我国农家肥中钾的主要来源。可见在我国有机肥中的主要养分元素，特别是氮和磷来自化肥的比例很高，而且仍在增加，因此施用有机肥扩大土壤养分库和养分供应能力的作用中有相当大部分是化肥的间接作用。

第二节 协调营养平衡、增加产量与改善品质统一原则

一、协调营养平衡原则

（一）施肥是调控作物营养平衡的有效措施

作物的正常生长发育有赖于体内各种养分有一个最适的含量。因而通过测定作物体内某种养分元素的含量可以确定该养分的供应充足与否，如果其含量低于某一临界值，就需要通过施肥来调节该养分在作物体内的含量水平，使其达到最适范围，以保证作物正常生长发育对该养分的要求；如果作物体内某一营养元素过量，则可以通过施用其他元素肥料加以调节，使其在新水平下达到平衡。由于不同作物对各种养分的需求量不同，不同作物体内各种养分的含量也不同，而且同一作物在不同生育时期、不同组织和不同器官中，每种养分的含量也有变化，因而在诊断作物营养水平时要选择适当的测定时间、测定部位或器官，这样的测定结果才具有实际应用价值，才可以作为利用施肥调节作物营养的依据。

作物正常的生长发育不仅要求各种养分在量上能够满足其需求，而且要求各种养分之间保持适当的比例。水稻对氮（N）、磷（P）、钾（K）的需求比例，大约为 4.88 : 1 : 5.35，小麦为 5.17 : 1 : 5.35，玉米为 4.91 : 1 : 4.53，大豆为 14.76 : 1 : 5.71。一种养分的过多或不足必然要造成养分之间的不平衡，从而影响作物的生长发育。在不平衡状况下，通过作物的营养诊断，确定某种养分的缺乏程度，以施肥调控作物营养平衡是最有效的措施。

（二）施肥是修复土壤营养平衡失调的基本手段

土壤是作物养分的供应库，但土壤中各种养分的有效数量和比例一般与作物的需求相差甚远，这就需要通过施肥来调节土壤有效养分含量以及各种养分的比例，以满足作物的需要。一般农田土壤若长期不施肥，其自身的养分供应能力不仅低下，养分之间也不平衡，根本满足不了现代高产作物的需求，为了高产就必须向土壤中施肥，这已为多年来的生产实践所证实。我国北方石灰性土壤氮、磷、钾养分供应的一般状况为缺氮少磷，而钾相对充足；南方的红壤、砖红壤等不仅氮、磷、钾都缺乏，而且也不平衡。利用施肥来修复土壤营养平衡失调是基本手段，也是根本手段。

二、增加产量与改善品质统一原则

（一）施肥与作物品质

农产品的品质包括营养品质、商品品质和符合加工需要的某些品质，它主要取决于作物本身的遗传特性，但也受到外界环境条件的影响。外界环境因素主要包括养分供应、土壤性质、气候环境和管理措施等，其中养分供应对改善作物产品品质有着重要的作用。尽管不同营养元素对产品质量的影响各不相同，但养分平衡是提高产品质量的基本保障。

1. 氮肥对产品品质的影响

氮素供应充足时，可提高禾谷类作物籽粒中蛋白质的含量，但在提高蛋白质含量的同时也往往会减少产品中碳水化合物和油脂的含量。氮素的供应也影响着作物产品中必需氨基酸、亚硝态氮和硝态氮的含量，供氮水平适当时会明显提高作物产品中必需氨基酸的含量，供氮过量反而会降低必需氨基酸的含量，但会显著增加蔬菜类作物产品中的亚硝态氮和硝态氮的含量，降低其品质。

2. 磷肥对产品品质的影响

农产品是人和动物获得磷素的主要来源，产品中的总磷量达到一定水平才能满足人和动物的需求，如：饲料中含磷（P）达 1.7 ~ 2.5 毫克/千克时才能满足动物的需要。充足的磷供应可以增加作物绿色部分的粗蛋白含量，从而提高其作为食品或饲料的品质。磷还可促进蔗糖、淀粉和脂肪的合成，从而提高糖料作物、薯类作物和油料作物产品的品质；磷能够改善果蔬类作物产品的品质，使果实大小均匀、营养价值高、味道和外观好、耐储存等。

3. 钾肥对产品品质的影响

钾可增加禾谷类作物籽粒中蛋白质含量，提高大麦籽粒中胱氨酸、蛋氨酸、酪氨酸和色氨酸等人体必需氨基酸的含量，从而改善其产品的品质；增强豆科植物的固氮能力，提高其籽粒中的蛋白质含量；有利于蔗糖、淀粉和脂肪的积累，提高糖料作物、高淀粉类作物和油料作物产品的品质；提高纤维作物产品的品质和改善烟叶质量等，因而钾被称为品质元素。

4. 中量和微量元素肥料对产品品质的影响

多数中量和微量营养元素在作物产品中的含量本身就是产品质量指标之一，如：钙、镁、铁、锰、锌等。食品和饲料作物产品中缺乏这些元素会影响人、畜的健康，出现一些特殊的病症。此外，中、微量营养元素还对作物产品多方面的品质特性有重要的影响，如：钙对果蔬类作物产品的营养品质、商品品质和储藏性有着明显的影响；镁影响着一些作物产品中叶绿素、胡萝卜素和碳水化合物的含量；硫是一些必需氨基酸的组成成分，因而硫的供应会影响植物产品中蛋白质的含量和质量，硫还是某些百合科和十字花科植物产品中一些具有特殊香味物质的组成成分，因而影响这些植物产品的品质；锰对提高作物产品中维生素（如胡萝卜素、维生素C）和种子含油量等有重要作用；铜对籽粒的灌浆、蛋白质的含量有很大的影响；硼对作物体内碳水化合物的运输有重要影响，可以提高淀粉类、糖料等作物的品质，硼还可防止蔬菜作物的"茎裂病"，提高商品品质；钼可提高作物产品中蛋白质的含量等。

5. 有机肥对产品品质的影响

有机肥对作物产品质量具有多方面的作用：首先，有机肥为完全养分肥料，所含各种养分元素与化肥中的营养元素一样影响着作物产品的质量；其次，通过改良培肥土壤从而影响作物特别是薯类作物以及花生、萝卜、胡萝卜等产品的营养价值和商品价值；最后，有机肥中的一些生物活性物质通过对作物生长发育起调节作用，进而影响着农产品的质量。

（二）施肥与产量和品质的关系

作物产量和品质对人类是同等重要的，施肥对作物产量和品质的影响一般有三种情况：①随着施肥量的增加，最佳产品品质出现在达到最高产量之前，如施氮量对糖用甜菜含糖量和产量的影响以及施氮量对菠菜硝酸盐含量和产量的影响都是如此。②随着施肥量的增加，最佳产品品质出现在最高产量出现之后，如施氮量对禾谷类作物和饲料作物产品中蛋白质含量和产量的影响。③随着施肥量的增加，最佳产品品质和最高产量同步出现，如薯类作物达到最高产量时一般品质也是最好或接近最好。

最好的施肥结果当然是能获得最高产量又能获得最佳品质，但绝大多数作物的产量和品质对肥料的反应是属于上述第一或第二种情况，即产量和品质的变化不同步，一般的选择原则是：在不至于使产品品质显著降低或对人、畜安全产生影响的情况下，以实现最高产量为目标进行施肥；在不至于引起产量显著降低时，以实现最佳品质为目标进行施肥；当产量和品质之间的矛盾比较大时，在有利于品质改善的前提下，以提高产量为目标进行施肥。因品质良好的产品具有较高的商品价值，这样可以全部或部分弥补由于产量的降低所造成的经济损失，可以选择最好或较好品质为目标；在食品或饲料作物产品严重短缺的特殊情况下，也可以选择最高或较高的产量为目标，但最起码应保证产品中有害物质含量在安全界限内，不能对人、畜产生危害。

第三节 提高肥料利用率与减少生态环境污染原则

一、提高肥料利用率原则

（一）提高肥料利用率是施肥的长期任务

肥料利用率也称肥料利用系数或肥料回收率，是指当季作物对肥料中某一养分元素吸收利用的数量占施用该养分元素总量的百分数。目前，我国一般氮肥的平均利用率为30%～40%，磷肥10%～25%，钾肥40%～60%，有机肥在20%左右。各种肥料的利用率变幅如此之大，主要是由于其受多种因素的影响，诸如作物种类、栽培技术、施肥技术、气候条件、土壤类型等。因而不同地区，由于气候条件、土壤类型、农业生产条件和技术水平的不同，肥料的利用率相差很大。磷肥的利用率一般明显低于氮肥和钾肥的利用率，但磷肥的残效大而持久，如果把残效计算在内，磷肥利用率与氮、钾肥的利用率相近或更高。

肥料利用率的高低是衡量施肥是否合理的一项重要指标，而提高肥料利用率也一直是合理施肥实践中的一项长期的主要任务。通过提高肥料的利用率可提高施肥的经济效益、降低肥料投入、减缓自然资源的耗竭以及减少肥料生产和施用过程中对生态环境的污染。提高肥料利用率的主要途径有：有机肥和无机肥配合施用；按土壤养分状况和作物需肥特性施用肥料；氮、磷、钾肥配合施用；改进化肥剂型（如造粒、复合）和改进施肥机具等。

（二）施肥与肥料利用率的关系

施肥技术是影响肥料利用率的主要因素之一。在相同生产条件下，随着施肥量的增加，肥料利用率下降；施肥方法也明显影响着肥料利用率，如：在石灰性土壤上，铵态氮肥深施覆土比表施或浅施的利用率要高，而磷肥集中施用比均匀施用时的利用率要高；不同的肥料品种利用率也有差异，一般硫酸铵的利用率比尿素和碳酸氢铵的高，水田中硝态氮肥的利用率低于铵态氮肥和尿素，石灰性土壤上钙镁磷肥的利用率低于过磷酸钙。

有机肥料和无机肥料配合施用是提高肥料利用率有效途径之一。有机肥料和氮肥配合施用时，化肥氮提高了有机肥氮的矿化率，有机肥氮提高了化肥氮的生物固氮率，总的结果是使化肥氮的供应稳长，减少化肥氮的损失，从而增加了土壤中氮素的积累和化肥氮的残效，提高了肥料利用率。有机肥与磷肥配合施用能使化肥磷在土壤中更多、时间更长地

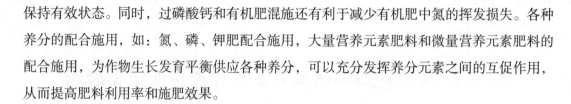

保持有效状态。同时，过磷酸钙和有机肥混施还有利于减少有机肥中氮的挥发损失。各种养分的配合施用，如：氮、磷、钾肥配合施用，大量营养元素肥料和微量营养元素肥料的配合施用，为作物生长发育平衡供应各种养分，可以充分发挥养分元素之间的互促作用，从而提高肥料利用率和施肥效果。

二、减少生态环境污染原则

（一）不合理施肥导致土壤质量下降

不合理施肥不仅起不到增产、改质和培肥土壤的作用，反而会导致土壤质量下降，肥力降低，这方面的报道很多，归纳起来主要影响有：①引起土壤酸化或盐碱化。长施用氮肥导致中性和酸性土壤的 pH 值下降，大量施用含有钠以及钾的肥料可能使干旱、半干旱地区的土壤 pH 值上升。②土壤结构破坏，肥力下降。大量施用含有铵离子、钾离子等一价阳离子的化肥会使土壤胶体分散，理化性状恶化，水、肥、气、热失调，肥力下降。③导致土壤污染，进而对生态环境造成污染。大量施用氮肥使土壤硝态氮含量增加，引起地下水污染。长期施用过磷酸钙或利用生活垃圾和污泥生产的有机肥料会使重金属元素在土壤积累而导致土壤质量下降，进而影响作物产品品质和引起生态环境的污染等。

（二）不合理施肥导致生态环境污染

肥料施入土壤后，一些肥料的成分或肥料与土壤发生相互作用的产物不可避免地要进入与土壤圈密切相关的大气圈、水圈和生物圈，而不合理施肥会增加这些物质进入环境的数量，造成环境污染。

1. 施肥引起的大气污染

氮对大气污染是一种自然现象，但因人类的施肥活动而得到大大加强。施肥对大气的污染主要来自氨气的挥发、反硝化过程中生成的 NO_x（包括 N_2O 和 NO 等）、沼气（CH_4）及有机肥的恶臭等。施入土壤中的铵态氮肥很容易形成 NH_4 挥发而溢出土壤，特别是在碱性、石灰性土壤中，是氮肥损失的主要途径之一。土壤 pH 值和铵离子浓度高，掠过氨挥发体系的空气流速大时，氨挥发体系中氨的平衡蒸汽压就高，氨的挥发速率就快。大气氨含量增加，可增加经由降雨等形式进入陆地水体的氨量，成为造成地表水体富营养化的因素之一。而氧化亚氮（N_2O）和甲烷（CH_4），则是增温效应很强的温室气体，其中氧化亚氮的增温潜势是二氧化碳的 190 ~ 270 倍，而甲烷是二氧化碳的 30 倍。氧化亚氮还可以与臭氧作用而破坏臭氧层对地球生物的保护作用，增加到达地面的紫外线强度，破坏生物循环、危害人类健康等。

2. 施肥引起的水体富营养化

富营养化是指营养物质的富集过程及其所产生的后果,它是一种自然过程。随着水中营养物质的增加,在近海发生"赤潮"现象,是水体富营养化的表现之一。水体富营养化导致水生植物、某些藻类急骤过量增长以及死亡以后腐烂分解,耗去水中溶解的氧,而使水中氧分压下降,水体中脱氧,引起鱼、贝等动物大量窒息死亡,死亡的动植物还使水体着色,并发出恶臭。引起富营养化,起关键作用的元素是氮和磷。施肥对农田地表、地下径流中氮、磷养分的增加又有重要影响。

3. 施肥引起的地下水污染

施肥时使用的各种形态的氮在土壤中会经微生物等作用而形成硝态氮,它不被土壤吸附,最易随水进入地下水,使地下水中硝酸盐含量超标,失去其作为饮用水的功能。而磷在淋溶通过土层时,绝大部分与土壤中钙离子或三价铁离子、铝离子作用而沉积于土层中,较少进入地下。钾进入地下水对人、畜无危害的影响。

4. 施肥引起食品污染

大量施用氮肥而缺少磷肥和钾肥的配施,会增加蔬菜产品中硝酸盐的含量,降低其产品品质,进而威胁人类健康,因为施用氮肥1周内,蔬菜体内硝酸盐含量会迅速上升而达到最高。根据各类蔬菜硝酸盐含量的普查结果,目前我国的各类常见蔬菜中食用菌、茄果类、瓜类、豆类、葱蒜类等蔬菜硝酸盐含量一般都明显低于1080毫克/千克;各种叶菜类蔬菜,如青菜、大白菜、甘蓝等,其硝酸盐含量大都在1080毫克/千克左右;而各种根菜类和茎菜类蔬菜,如萝卜、生姜、莴笋、芹菜、芥菜、榨菜,还有菠菜等,其硝酸盐含量普遍在1500~2000毫克/千克,明显高于控制指标。而食用硝酸盐的危害在于蔬菜中的硝酸盐被摄入人、畜体内,在细菌作用下,硝酸盐可在动物体内还原成亚硝酸盐,而亚硝酸盐是一种有毒物质,它直接可以使动物中毒缺氧,引起高铁血红蛋白症,对婴幼儿危害最大,严重者可致死。它间接可与次级胺结合形成致癌物质亚硝胺,从而诱发人、畜的消化道系统癌症,因此探讨降低亚硝胺或亚硝酸盐的生成受到了人们的极大关注。

第七章 农作物配方施肥的方法

第一节 养分平衡法

养分平衡施肥法是根据作物计划产量需肥量与土壤供肥量之差估算施肥量的方法，以"养分归还学说"为理论依据，是施肥量确定中最基本最重要的方法。

施肥量＝（计划产量所需养分总量－土壤供肥量）/ 肥料中养分含量 × 肥料中该养分利用率 （7-1）

养分平衡法又称目标产量法。其核心内容是农作物在生长过程中所需要的养分是由土壤和肥料两方面提供的。"平衡"之意就在于通过施肥补足土壤供应不能满足农作物计划产量需要的那部分养分。只有达到养分的供需平衡，作物才能达到理想的产量。

养分平衡法涉及四大参数，其中土壤供肥量参数的确定方法较多，已经形成了因计算土壤供肥量的方法不同而区分为地力差减法和土壤有效养分校正系数法两种。

一、地力差减法

地力差减法是根据作物目标产量与基础产量之差，求得实现目标产量所需肥料量的一种方法。不施肥的作物产量称为基础产量（或空白产量），构成基础产量的养分主要来自土壤，它反映的是土壤能够提供的该种养分量。目标产量减去基础产量为增产量，增产量要靠施用肥料来实现。因此，地力差减法的施肥量计算公式是：

施肥量＝[单位经济产量所需养分量 ×（目标产量－基础产量）]/ 肥料中养分含量 × 肥料利用 （7-2）

上式表明：要利用地力差减法确定施肥量，就必须掌握单位经济产量所需养分量（也称养分系数）、目标产量、基础产量、肥料中养分含量和肥料利用率等五大参数。

（一）几个参数的确定

1. 基础产量

（1）空白法

在种植周期中，每隔 2 ~ 3 年，在有代表性的田块中留出一小块或几块田地，作为不施肥的小区，实际测定一次不施肥时的基础产量。这种方法得到的参数具有接近生产实际，操作容易，但周期长，基础产量偏低的特点。

（2）用单位肥料的增产量推算基础产量

在一定生产区域内，进行肥料增产效应的研究，求算单位肥料的增产量，然后推算各田块不施肥某种养分的基础产量。该种方法因为单位肥料的增产量不是一个定值，是随土壤肥力的提高和施肥量的增加逐渐减小的变量，具有快捷、可变、粗放的特点。

2. 目标产量

目标产量是实际生产中预计达到的作物产量，即计划产量是确定施肥量最基本的依据。目标产量应该是一个非常客观的重要参数，既不能以丰年为依据，又不能以歉年为基础，只能根据一定的气候、品种、栽培技术和土壤肥力来确定，而不能盲目追求高产。若指标定得过高，势必异乎正常地增加肥料用量，即使产量有可能得到一时的保证，也会造成肥料浪费，经济效益低下，甚至出现亏损，造成环境污染。若指标定得太低，土地的增产潜力得不到充分发挥，造成农业生产低水平运作，也是时代发展所不允许的。那么怎样才能确定合理的目标产量呢？基于近年来我国在各地进行的试验研究和生产实践，从众多目标产量确定方法中选择"以地定产法""以水定产法"和"前几年平均单产法"这三个最基本也最有代表性的方法进行介绍。

（1）以地定产法

以地定产法就是根据土壤的肥力水平确定目标产量的方法。这一方法的理论依据是农作物产量的形成主要依靠土壤养分，即使在施肥和栽培管理处在最佳状态下，农作物吸收的全部营养成分中仍有 55% ~ 75% 是来自土壤原有的养分，而肥料养分的贡献仅占25% ~ 45%。作物对土壤养分的关系一般为土壤肥力水平越高，土壤养分效应越大，肥料养分效应越少；反之，土壤肥力水平越低，土壤养分效应越小，肥料效应越大。因此，我们把作物对土壤养分的依赖程度叫作依存率，其计算公式为：

依存率＝无肥区农作物产量 / 完全肥区农作物产量 ×100% （7-3）

不难看出，农作物对土壤养分的依存率也就是我们通常所指的"相对产量"。

如果有了一个地区某种农作物对土壤养分的依存率，即可根据基础产量来推算目标产量，这就是以地定产法的基本原理。

利用依存率确定目标产量的基础工作是进行田间试验，最简单的试验方案是设置无肥区和完全肥区两个处理。首先，布点一般不少于 20 个，小区面积在 30 ~ 60 平方米，成熟后单打单收计产，计算作物对土壤养分的依存率（ Dr ）；其次，以无肥区产量（ x ）为横坐标，作物对土壤养分的依存率 [$Dr = x / y$ （ y 为目标产量）] 为纵坐标，在坐标上做散点图，然后进行选模和统计运算而得到作物对土壤养分依存率（Dr）与无肥区产量（x）的数学式，$Dr = f(x)$，该式进行转换可以得到 $y = f(x)$ 的关系式，即目标产量与无肥区产量的关系式。不少地区的农作物"以地定产"式采用直线回归方程式描述，即 $y = a + bx$。

"以地定产法"的提出为平衡施肥确定目标产量提供了一个较为准确的计算方法，把经验性估产提高到计量水平。但是，它只能在土壤无障碍因子以及气候、雨量正常的地区可以应用，否则要考虑其他因子对产量的影响。

（2）以水定产法

在降雨量少，又无灌溉条件的旱作区，限制农作物产量的因子是水分而不是土壤养分，在这些地区确定目标产量首先要考虑降雨量和播前的土壤含水量，其次再考虑土壤养分含量。据统计研究，旱作区在 150 ~ 350 毫米降水量范围内，每 10 毫米降水可影响 75 ~ 127.5 千克 / 公顷春小麦的产量。这一效应称为水量效应指数，但水量效应指数（每 10 毫米、降水量生产的小麦千克数）也是经验参数，可以此来预测当年可能达到的目标产量，即为"以水定产法"。各旱作区可以根据多年来降雨量与各种作物产量之间的关系，建立自己的水量效应指数，然后利用气象部门的长期天气预报估计目标产量。

（3）前几年平均单产法

一般利用施肥区前 3 年平均单产和年递增率为基础确定目标产量的方法叫前几年平均单产法，其计算公式是：

目标产量＝（1 ＋年递增率）× 前 3 年平均单产　（7-4）

为什么用前 3 年的平均单产？这是因为在我国 3 年中很少年年丰收或歉收。如果用前 5 年甚至前 7 年的平均单产就会比前 3 年平均单产偏低，道理是农业生产不断发展，科学技术不断提高，优良品种不断更新，栽培技术不断变化，抗灾能力不断增强，作物产量也在不断提升。因此，用前 5 年或前 7 年的平均单产拟定目标产量就会偏低，缺乏积极意义。

3. 形成 100 千克经济产量所需养分量

农作物在其生育周期中，形成一定的经济产量所需要从介质中吸收各种养分数量称为养分系数。养分系数因产量水平、气候条件、土壤肥料和肥料种类而变化。

表 7-1　常见作物的 100 千克经济产量所需养分量（千克）

作物	氮	磷	钾
水稻	2.10 ~ 2.40	0.90 ~ 1.30	2.10 ~ 3.30
冬小麦	3.00	1.25	2.50
春小麦	3.00	1.00	2.50
玉米	2.57	0.86	2.14
谷子	2.50	1.25	1.75

续表

作物	氮	磷	钾
高粱	2.60	1.30	3.00
甘薯	0.35	0.18	0.55
马铃薯	0.50	0.20	1.06
花生	6.80	1.30	3.80
大豆	7.20	1.80	4.00
棉花	5.00	1.80	4.00

表 7-1 所列的形成 100 千克经济产量所需养分量是根据许多资料求出的平均值，只能作为计算目标产量所需养分总量的参考，必要时可参考后面有关章节提供的数据。因为农作物品种不同、施肥水平不同、产量不同、耕作栽培和环境条件的差异，形成的养分系数有很大的差异。各地在利用这一数据时最好用当地的最近研究的数据，这样更为可靠。

4.肥料利用率

（1）肥料利用率的概念

肥料利用率是指当季作物从所施肥料中吸收的养分占施入肥料养分总量的百分数。

（2）肥料利用率的测定方法

肥料利用率是最易变动的参数，国内外无数试验和生产实践结果表明，肥料利用率因作物种类、土壤肥力、气候条件和农艺措施而异，同一作物对同一种肥料的利用率在不同地方或年份相差甚多，因此为了较为准确地计算施肥量，必须测定当地的肥料利用率。目前，测定肥料利用率的方法有两种。

①示踪法

将有一定丰度的 15N 化学氮肥或有一定放射性强度的 32P 化学磷肥或 86Rb 化合物（代替钾肥）施入土壤，到成熟后分析农作物所吸收利用的 15N 或 32P 或 86Rb 量，就可以计算出氮或磷或钾肥料的利用率。由于示踪法排除了激发作用的干扰，其结果有很好的可靠性和真实性。

②田间差减法

利用施肥区农作物吸收的养分量减去不施肥区农作物吸收的养分量，其差值可视为肥料供应的养分量，再除以所用肥料养分量，其商数就是肥料利用率。

田间差减法测得的肥料利用率一般比示踪法测得的肥料利用率高。其原因是施肥激发了土壤中的该种养分的吸收以及与其他养分的交互作用。田间差减法的计算公式：

肥料利用率＝（施肥区农作物吸收的养分量－不施肥区农作物吸收的养分量）/肥料施用量 × 肥料养分含量 ×100% （7-5）

田间差减法测定肥料利用率，一般农户都可以进行。选好地块和作物，设置无肥区和施肥区两个处理，重复一次，每区面积不宜太大，播种管理与一般大田管理相同，成熟后单打计产，即可计算出肥料利用率。

5. 肥料中有效养分含量

肥料中有效养分含量是一个基础参数。与其他参数相比较，它是比较容易得到的，因为现时各种成品化肥的有效成分是按标准生产的，都有定值，而且标明在肥料的包装物上，使用时查找有关书籍即可。

（二）肥料用量的计算

当我们知道了目标产量、基础产量、100 千克经济产量所需养分量、肥料中养分含量、肥料利用率这五大参数，即可按下式算出施肥量：

施肥量 = [（目标产量－基础产量）÷100×100 千克经济产量所需养分量]/ 肥料中养分含量 × 肥料利用率 （7-6）

二、土壤有效养分校正系数法

（一）土壤有效养分校正系数法的概念

土壤有效养分校正系数法是测土平衡施肥的一种方法。测土平衡施肥的基本思路是基于农作物营养元素的土壤化学原理，用相关分析选择最适浸提剂，测定土壤有效养分，计算土壤供肥量，进而计算作物施肥量的一种方法。土壤供肥量是通过测定土壤有效养分含量来估算的。测定土壤有效养分含量，用毫克 / 千克表示，然后计算出每公顷含有多少有效养分量，以耕层（0 ~ 20 厘米）2.25×10 千克 / 公顷土壤计算，则一个毫克 / 千克的养分，在每公顷中所含的有效养分量为 2 250 000 × 1/1 000 000 = 2.25 千克，习惯上把 2.25 看作常数，称为土壤养分换算系数。

这种方法与地力差减法相比具有时间短、简单快速和实用性强的特点。

但是土壤具有缓冲性能，因此测得土壤有效养分的任何数值，只代表有效养分的相对含量，而且测出的有效养分值也不可能全部被作物吸收利用，土壤有效养分是一个动态的变化值，即使当时测定时含量很少，在作物生长过程中由于某种影响，可能导致缓效养分变成速效养分，这样作物吸收的养分量又可能多于测定值；反之，作物吸收的养分量可能少于测定值。怎样把土测值转化为作物实际吸收值，有人提出了一个十分巧妙的设计，将土壤有效养分测定值乘一个系数，以表达土壤"真实"的供肥量。假设土壤有效养分也有个"利用率"问题，那么土测值乘以利用率，即可得出土壤真实的供应量。为了避免"土壤有效养分利用率"与"肥料利用率"在概念上的混淆，把土壤有效养分利用率叫作"土壤有效养分校正系数"。一般讲，肥料利用率不会超过 100%，而土壤有效养分校正系数由于受浸提状况和根系生长状况的影响，则有可能大于 100%。这样，在测土平衡施肥的基础上又发展出了土壤有效养分校正系数法，其施肥量计算公式为：

施用量（千克/公顷）＝（目标产量所需养分总量－土测值 ×2.25× 有效养分校正系数）/肥料中养分含量 × 肥料利用率 （7-7）

上述公式中，除土壤有效养分校正系数外，其余参数上节讨论过，所以下面主要介绍土壤有效养分校正系数的建立。

（二）土壤有效养分校正系数的测定步骤

土壤有效养分校正系数是指作物吸收的养分量占土壤有效养分测定值的比率。因此，建立土壤有效养分校正系数按下列步骤进行：

1. 布置田间试验

为了排除土壤养分的不平衡性，田间试验处理应为四项：施 PK、NK、NP 和无肥区。作物成熟后单打单收计产，计算出无 N、无 P 和无 K 区的土壤供应的 N、P_2O_5 和 K_2O 量。

2. 土壤有效养分的测定

在设置田间试验的同时，采集无肥区的土壤土样。选择合适浸提剂测定土壤碱解氮、有效磷和有效钾，以 N、P_2O_5 和 K_2O 的毫克/千克表示。

3. 土壤有效养分校正系数的计算

根据土壤有效养分校正系数的概念，其计算公式为：

土壤有效养分校正系数＝（无肥区每公顷农作物吸收的养分量/土壤有效养分测定值 ×2.25%）×100% （7-8）

依照该计算公式，可以计算出每一块地的土壤有效养分校正系数。

4. 进行回归统计

进行回归统计的目的是为了了解土壤有效养分校正系数大小与土测值之间的关系，以土壤有效养分校正系数（y）为纵坐标，土壤有效养分测定值（x）为横坐标，作散点图。根据散点分布特征进行选模，以配置回归方程式。一般两者之间呈极显著曲线负相关。

5. 编制土壤有效养分校正系数换算表

各地要研究当地的土壤有效养分校正系数，这样计算的施肥量差才比较准确。

养分校正系数、土测值等与磷、钾肥料利用率之间的关系：土测值越大，有效养分校正系数越小，肥料利用率也越低；反之，土测值越小，有效养分校正系数越大，肥料利用率就越高，有效养分校正系数与肥料利用率之间有同步关系。

第二节 营养诊断法

营养诊断施肥法是利用生物、化学或物理等测试技术，分析研究直接或间接影响作物正常生长发育的营养元素丰缺、协调与否，从而确定施肥方案的一种施肥技术手段。从这一概念来看，营养诊断是手段，施肥是目的，所以这一方法的关键是营养诊断。就诊断对象而言，可分为土壤诊断和植株诊断两种；从诊断的手段看，可分为形态诊断、化学诊断、施肥诊断和酶学诊断等多种。营养诊断的主要目的是通过营养诊断为科学施肥提供直接依据。即利用营养诊断这一手段进行因土、看苗施肥，及时调整营养物质的数量和比例，改善作物的营养条件，以达到高产、优质、高效的目的。通过判断营养元素缺乏或过剩而引起的失调症状，以决定是否追肥或采取补救措施；还可以通过营养诊断查明土壤中各种养分的储量和供应能力，为制订施肥方案，确定施肥种类、施肥量、施肥时期等提供参考；等等。

一、营养诊断的依据

营养诊断的主要依据从两个方面考虑：一是土壤营养状况；二是植株营养状况。

（一）土壤营养诊断的依据

作物生长发育所必需的营养元素主要来自土壤，产量越高，土壤须提供的养分量就越多。土壤中营养物质的丰缺协调与否直接影响作物的生长发育和产量，关系着施肥的效果，因此成为进行营养诊断、确定是否施肥的重要依据。在制订施肥计划前应首先进行土壤营养诊断，以便根据土壤养分的含量和供应状况确定肥料的种类和适宜的用量。土壤营养诊断主要依据土壤养分供应的强度因素和数量因素。

1. 养分供应的强度因素

土壤养分供应的强度因素可以简单理解为土壤溶液中养分的浓度（活度）。强度因素是土壤养分有效性大小的一个量度，但它不具有量的意义，它代表作物利用这种养分的难易。由于土壤溶液中养分与固相处于平衡状态，所以，强度因素也意味着土壤胶体对这种养分吸持的强弱。土壤溶液的养分浓度和组成还受土壤含水量的影响，水分含量高时浓度低些，土壤变干时浓度增加。因此，土壤溶液养分浓度是以饱和水的条件为标准的，植物生长的养分最佳浓度有以下几个方面：

氮：由于大多数研究偏重于旱作土壤，所以土壤溶液中氮的浓度主要是指 NO_3^- 中 N 的浓度。对大多数作物，最佳氮素（NO_3^- 中 N）含量在 70 ~ 210 毫克 / 千克，NO_3^- 中 N 浓度过高，可能对磷的吸收有一定抑制作用（NH_4^+ 中 N 则有促进作用）。为了避免 NO_3^- 中 N 过高，对玉米和小麦，最佳的 NO_3^- 中 N 含量应在 100 毫克 / 千克左右，在盐土上，土壤溶液中 NO_3^- 中 N 含量也不应高于 100 毫克 / 千克。

钾：对大多数作物来说，土壤溶液中钾含量保持在 20 毫克 / 千克时，即可充分满足作物需要。当然不同作物有很大差异，但当土壤溶液钾含量小于 20 毫克 / 千克时，大多数作物将感到缺钾。

2. 土壤养分供应的数量因素

土壤养分供应不仅取决于土壤溶液的养分浓度（强度因素），而且取决于固相养分及其在固相、液相间的平衡。这种与液相养分处于平衡状态的养分，可因液相养分被植物吸收或因其他原因减少时，很快进入溶液，这一养分的总量称为土壤养分供应的数量因素，也叫有效养分总含量。不同土壤，尽管它们具有同样的强度因素，如果固相养分的数量因素不同，它们的养分供应能力也是不同的。

（二）植株营养诊断的依据

植株营养诊断主要依据作物的外部形态和植株体内的养分状况及其与作物生长、产量等的关系来判断作物的营养丰缺协调与否，作为确定追肥的依据。由于植株体内的养分状况是所有作用于植物的那些因子的综合反映，这些因子又处在不断地变化之中，而且植株营养状况又是土壤营养状况的具体反映，所以植株营养诊断要比土壤营养诊断复杂得多。

1. 农作物体内养分的分布特性

养分在作物体内的分布随生育时期的变化而变化，呈现明显的规律性。其中，氮在作物体内的分布随不同生育期及碳氮代谢中心的转移而有规律地变化。在营养生长阶段，根系吸收的氮素主要在叶中合成蛋白质、氨基酸、核酸和叶绿素等物质，叶子中的氮素较多；生殖生长阶段，作物的生长中心转移到生殖器官，根系吸收的氮素主要供花、果实和种子的需要，同时老叶中的氮也会向生殖器官转移，使其含氮量降低。磷在作物体内的分布规律是：生育前期高于生育后期，繁殖器官、幼嫩器官高于衰老器官，种子高于叶片，叶片高于根系，根系高于茎秆。例如，棉花根中含磷量为 0.26%，茎中为 0.21%，叶中为 1.4%；水稻植株中含磷量（P_2O_5）分蘖期为 1.49%，幼穗分化期为 1.29%，孕穗期为 0.9%，抽穗期仅有 0.75%。钾在作物体内的分布一般是茎叶高于籽实和根系，幼叶高于老叶，苗期高于后期。

2. 农作物体内养分含量特点

农作物体内养分含量高低决定着植株的生长发育的正常与否。往往植株体内养分浓度的改变先于外部形态的变化，生产上，把植株外部形态尚未表现缺素症状，而植株体内的某种养分浓度少到足以抑制生长并引起减产的阶段，称为作物潜伏缺素期。所以了解不同作物体内合适的养分浓度就显得非常重要。

农作物种类不同、品种不同、器官与部位不同、生育期不同，需要的营养条件如营养元素的种类、数量和比例等也不同，但是，作物在一定生长发育阶段，其体内养分浓度是有一定规律的。

3. 农作物体内养分再利用规律

作物体内养分元素由于其移动性不同，因而再分配和再利用能力有很大的差别。一般按其在韧皮部中移动的难易程度分为三组：氮、磷、钾、镁属于移动性大的；铁、锰、锌、铜属移动性小的；硼和钙属难移动的。移动性越大的元素在作物体内再分配和再利用的能力也就越大，缺素症状往往首先表现在老叶上。例如，氮在整个生育期中约有70%，可以从老叶转移到正在生长的幼嫩器官和储藏器官中被再利用或储藏起来，当外界供氮不足时，作物体内氮的再利用率明显提高。磷和钾在作物体内移动性也很大，很容易从老组织转移到新生组织进行再分配、再利用，因此，磷和钾比较集中地分布在代谢旺盛的部位，如幼芽幼叶和根尖等磷和钾含量都较高。而难移动的元素一般在作物体内的再利用能力很小，故幼嫩部位能更好地指示缺素症状。如，作物体内的钙移动能力很小，且主要依靠蒸腾作用通过木质部运输，所以生长初期供应的钙大部分留在下部老叶中，很少向幼嫩组织移动，供钙不足，新生组织首先受害。

4. 土壤供肥—作物吸肥—农作物生长的关系

农作物在一定生长发育阶段内养分浓度的变化与土壤养分状况、作物的生长和产量等密切相关，并表现出一定的规律性。因此，在进行植株营养诊断，特别是化学分析诊断时，首先必须搞清楚植株体内养分浓度与作物生长量（产量）之间的关系，然后利用这种关系来判断作物养分供应状况。

（1）植株体内养分浓度与作物产量（或生长量）之间的关系

植株中养分浓度和产量之间有很大的变动范围，在低产条件下，养分浓度的变化幅度较宽，随着产量的提高，各种营养元素的变化幅度较窄，说明只有在一定养分含量水平下，且养分之间比例合适才能获得一定的高产。植株同一养分浓度可以得到不同的产量；相应地，同样的产量可以由不同的植株养分浓度来形成。产量越低，其养分浓度变化的范围越大；产量越高，其养分浓度变化的范围越小。作物高产时，必须使营养元素有一个最适含量，且比例适宜。

（2）养分供应量与作物体内养分浓度和产量之间的关系

养分供应量与作物体内养分浓度和产量之间存在以下关系。产量随养分供应量成抛物线型关系，但植株体内养分浓度与养分供应之间的关系，与上述曲线不同，其变化程度较小，将植株体内的养分浓度曲线分为三个阶段：第一阶段，随着养分供应量的增加，作物产量上升，但作物体内养分浓度不变，属于养分极缺乏区；第二阶段，从植物体内养分变化点到产量最高点随着养分供应量的增加，作物体内养分浓度与作物产量同步增加且产量的增加幅度比植株体内养分浓度增加大，属于养分缺乏调节区；第三阶段，产量最高点以后，随着养分供应量的增加，产量逐渐下降，而植株体内养分浓度却以更快的速度增加，属于养分奢侈吸收区。在一定条件下，植株养分浓度、产量与土壤养分供应量之间存在一定的相关性，但只有在第二阶段（缺乏调节区）三者成比较明显的正相关。所以营养的化学诊断关键要解决的问题之一是确定作物体内养分的临界浓度。

二、营养诊断的方法

（一）土壤营养诊断的方法

土壤营养诊断的方法主要有以下三种：

1. 幼苗法（K值法）

利用植株幼苗敏感期或敏感植物来反映土壤的营养状况。

2. 田间肥效试验法

在田间划成面积相同的不同小区采取不同的施肥处理，即不施肥与施一定量的肥料，观察长势长相，最后收获产量，从而比较土壤供养分量。还可以利用土壤养分系数，计算出土壤供氮、磷、钾等的养分量等。

3. 微生物法

利用某种真菌、细菌对某种元素的敏感性来预知某一种元素的丰缺情况。例如，固氮菌与土壤放在一起，温度在30℃培养24小时，当磷丰富时有菌落，菌落的多少反映磷的多寡。

（二）植株营养诊断的方法

1. 形态诊断

形态诊断是指通过外形观察或生物测定了解某种养分丰缺与否的一种手段。因为植物在生长发育过程中的外部形态都是其内在代谢过程和外界环境条件综合作用的反映。当植物吸收的某种元素处于正常、不足或过多时，都会在作物的外部形态如茎的生长速度、叶片形状和大小、植株和叶片颜色以及成熟期的早晚等方面表现出来。该方法简单易行，至今仍不失为一种重要的诊断方法，它主要包括症状诊断和长势、长相诊断。

（1）症状诊断

它是根据农作物体内不同营养元素其生理功能和移动性各异，缺乏或过剩时会表现出各种特有的症状，只要用肉眼观察这些特殊症状就可判断作物某种营养元素失调的一种方法。营养失调影响植物正常代谢进程，由于不同元素的生理功能各异，其影响的程度也不相同。在轻度失调的情况下，不一定在植物形态上表现出来，但在较严重的情况下会表现形态失常。缺乏不同元素时表现出不同的症状，其症状及出现部位的先后等都有一定的规律。如：氮不足时，易使禾谷类作物株小，叶片均匀变黄，分蘖少产量低；而氮过多时，又会引起贪青徒长、倒伏晚熟等。人们已将各种营养元素在不同作物上的失调症状以彩图的形式编辑成农作物营养诊断图谱，用来作为症状诊断的参照（图谱法），并将其营养元素产生的缺素症状制成分析判断某种元素失调症状的检索表（检索法）。但是，这种诊断法通常只在植株仅缺乏一种营养元素时有效，当作物缺乏某种元素而不表现该元素缺乏的典型症状，或同时缺乏两种以上营养元素，或出现非营养因素（如病虫害或药害或障碍因素）引起的症状对，则易于混淆，造成误诊。另外，当植株出现某些营养失调症状时，表明其营养失调已相当严重，此时采取措施已经为时过晚。因此，症状诊断在实际应用上存在明显的局限性，往往还需要配合其他的检验方法。尽管如此，这一方法在实践中仍有其重要意义，尤其是对某些具有特异性症状的缺乏症，如：油菜缺硼时"花而不实"，玉米缺锌时"白苗症"，果树缺铁时的"黄叶病"等，一般来说可以一望便知，为确定该土壤缺什么提供了方便。

（2）长势、长相诊断

它是利用生物测定或观察植株形态的方法，这种诊断方法作为农民经验的总结已有悠久的历史。水稻在田间群体长相上的整齐度与产量的关系甚为密切：水稻长相杂乱披散，是缺钾的表现；水稻生长参差不齐是缺锌的结果。叶色诊断法，或根据叶色微小的浓淡差异制成标准叶色卡进行诊断，或依据叶色对光波的反射特性采用遥感技术进行诊断。

需要强调的是，虽然通过对植株的群体或个体长势、长相以及叶色的诊断，在一定程度上可以有限地判断作物的营养状况以达到指导施肥的目的，但是，近年来由于作物品种更新换代特别频繁，其外观的长势、长相和叶色变化很大，因此使用时应慎重。

2. 化学诊断

化学诊断是指通过化学分析测定植株体内营养元素的含量，与正常植株体内养分含量标准直接比较而做出丰缺判断的一种营养诊断方法。植株分析结果最能直接反映作物的营养状况，是判断营养丰缺与否最可靠的依据。

（1）叶分析法

叶分析法就是以叶片为样本分析各种养分的含量，通过与参比标准比较判断作物养分丰缺的方法。它是植株化学诊断最主要的一种方法。在进行植株化学诊断时，取样是至关重要的环节，特别是取样部位的选择，一定要选择指示器官，而所谓指示器官是某个最能反映养分的丰缺程度的组织或器官，该器官对某种元素的含量变异最大，而且变异与产量的大小相关性最大。

①组织速测法

它是通过测定植物某一组织鲜样的养分含量来反映养分的丰缺状况，是一种半定量半定性的测定方法。被测定的一般是植株体内尚未被同化的养分或大分子的游离养分，速测部位的选择十分重要，常选用叶柄（或叶鞘）作为测定部位，这是因为叶柄（或叶鞘）养分变化幅度常比叶身大，对养分丰缺反应更敏感。加之叶柄（叶鞘）含叶绿素少，对比色干扰也小。这一方法由于具有操作快速、简便、测定仪器简单、易携带（速测箱）等特点，常用于田间现场诊断。如有正常植株为对照，对元素含量水平可做出大致的判断。但是由于组织速测以元素的特异反应（呈色反应快速）为基础，而且要符合简便、快捷等要求，所以不是所有元素都能应用，目前仅限于氮、磷、钾等有限的几种元素。另外，由于分析条件不易标准化，拟定临界指标时的条件常有出入，所以精确度较差，适于一年生作物的诊断。

②全量分析法

全量分析法是指分析叶片中的全氮、全磷和全钾等全量养分，被测植株与正常植株的全量养分指标相比较，来判断营养元素的丰缺。

适于诊断分析的叶片是进入生理成熟的新叶。生理年龄幼嫩的，组织尚未充实，养分含量变化大；老龄叶片功能趋向衰弱，养分含量可能下降而偏低；在具体决定某项诊断取样时，还须根据诊断目的的特殊要求进行。为探明潜在缺乏的诊断，要根据可能缺乏元素在植株体内移动难易决定部位，容易移动的元素如氮、磷、钾、镁应采下部位老叶，不易移动的元素如钙、铁、钼等应采上部位新叶。

适宜的取样时期是体内养分浓度与产量关系密切相关的时期。通常作物在营养生长与生殖生长的过渡时期对养分需求最多，如这时土壤养分供应不足，最易出现供不应求而发生缺乏症。此时的植株养分含量与产量水平相关性也常常最高，为取样的最适时期。在作物已发生缺乏症时，则应立即采样。延期采样，作物处于营养异常情况下，时间一长会引起其他养分的变化，可能导致错误结论。就一天中的时间看，由于作物体内养分因时间不同而有变化，一般认为以晴天上午 8 时至下午 3 时为采样适宜时间。

这段时间内作物生理活动趋于活跃，根系养分吸收和叶子光合作用强度也趋于平衡状态，植株养分浓度相对稳定、变化较小。不过微量元素这种变化甚微，关系不大。

取样数量要有充分代表性。通常生长较均匀的可少些；反之则多，木本果树应比一年生作物多些。大多数大田作物应包含 20 ~ 30 个单株；一些果树如苹果、梨、桃等应在50 个单株以上。

（2）叶片营养诊断标准

①临界值法

所谓植株养分的临界浓度是指当植株体内养分低于某浓度，作物的产量（或生长量）显著下降或出现缺乏症状时的浓度，有人也称这一浓度为临界值（水平）等。

临界浓度的确定一般要进行田间试验和植株分析，并将两者的关系有机地结合在一起，把最高产量减少 5% ~ 10% 时的养分含量作为临界浓度，把在最高产量的养分含量作为最适浓度，因此，最适浓度以后的养分含量的提高就是奢侈吸收。在临界浓度以前则为缺乏区，这一区范围比较大，又可以分为缺乏区和低区，缺乏区是指产量占最高产量的70% ~ 80% 的养分含量区域，低区是指产量占最高产量的 80% ~ 90% 的区域。

由于作物生长所引起的稀释效应，往往使植株体内养分含量减少而生长量都增加或生长量增加而植株体内养分含量却变化不大，甚至在严重缺乏的情况下，养分浓度也不下降。在这种情况下，植株养分浓度都不能正确反映作物生长状况。但在奢侈吸收区作物对养分的吸收在体内积累，却生长量下降，若再进一步积累某种养分，就会导致营养失调以致产生毒害而使生长受抑制。因此，植株体内养分最好控制在最适浓度，但是由于影响养分浓度的因素很多，多数情况下，不易做到。所以经常使养分浓度保持在充足范围内，使养分含量稍高于最适浓度。以保证有一个充足的养分供应不至于减产。

②标准值法

在用临界值法进行叶分析诊断时，常发现在"不足""正常"和"过量"各个等级的测试值之间总有互相重叠交叉的现象，在判断时会引起混淆。标准值是指生长良好，不出现任何症状时植株特定部位的养分测试值的平均值，标准值加上平均变异系数即为诊断标准，以此为标准与其他植株测试值相比较，低于标准值的就采取措施施肥。这时衡量营养水平的尺度摆在健康植株内元素的含量水平上，以更主动、更有效地预防营养失调。

③平衡指数法

其基本思路是通过对诊断植物养分的测定值与标准值之间的比较，对其供应状况做出定量评价。比较时考虑了不同养分在植物体内的变异情况。由于平衡指数法简便易行，为不少研究者所采用。这种方法仅指明了植株体内养分缺乏的程度，并不能估算出施肥量。

④养分比值法

由于营养元素之间的相互影响，往往一种元素浓度的变化常引起其他元素的改变，为此用元素比值要比用一种元素的临界浓度更能全面地反映作物的需肥程度。

3. 相对产量法

（1）基本概念

相对产量是指不施某种养分的产量占施足该养分产量（最高产量）的百分率，其计算公式为：

$$相对产量＝不施某养分平均产量 / 施足养分平均产量 ×100\% \quad （7-9）$$

（2）方法步骤

如果同时进行土壤 N、P、K 养分丰缺指标的制定，可安排下列四个处理：NPK、NPK0、NP0K、N0PK，其中 N0、P0、K0 为不施 N、P、K 处理，NPK 为氮、磷、钾的最适宜用量处理，其量可满足最高产量要求。当制定一种养分的丰缺指标时，仅须设不施及施足该养分两个处理即可。在不同肥力的多个田块进行试验，试验前采土样，分析各田块土壤有效 N、P 及 K 的含量。试验按小区实收计算各处理产量后，用下式计算相对产量：

$$N 的相对产量＝（N0PK/NPK）×100\% \quad （7-10）$$

$$P 的相对产量＝（NP0K/NPK）×100\% \quad （7-11）$$

$$K 的相对产量＝（NPK0/NPK）×100\% \quad （7-12）$$

（三）其他诊断方法

1. 酶学诊断

酶学诊断是利用作物体内酶活性或数量变化来判断作物营养丰缺的方法。酶学诊断具有以下优点：①灵敏度高，有些元素在植株体内含量极微，常规测定比较困难，而酶测法则能解决这一问题。②酶促反应与元素含量相关性好，如碳酸酐酶，它的活性与含锌量曲线几乎是一致的。③酶促反应的变化远远早于形态的变异，这一点尤其有利于早期诊断或潜在性缺乏的诊断。如水稻缺锌时，播后 15 天，不同处理叶片含锌量无显著差异，而核糖核酸酶活性已达极显著差异。④酶测法还可应用于元素过量中毒的诊断，且表现出同样的特点。但酶测法也有一定缺点：一是测定值不稳定；二是不少酶的测定方法较烦琐；三是有关测试技术还不十分完善。所以该法还没有被广泛应用，目前还处在研究阶段。

2. 施肥诊断

施肥诊断是以施肥方式给予某种或几种元素以探知作物缺乏某种元素的诊断方法。它可直接观察作物对被怀疑元素的反应，结果最为可靠，也用于诊断结果的检验，主要包括根外施肥法和抽减试验法等。

（1）根外施肥诊断

采用叶面喷、涂、切口浸渍、枝干注射等方法，提供某种被怀疑缺乏的元素让植物吸收，观察其反应，根据症状是否得到改善等做出判断。这类方法主要用于微量元素缺乏症的应急诊断。

技术上应注意，所用的肥料或试剂应该是水溶、速效的，浓度一般不超过 0.5%，对于铜、锌等毒性较大的元素有时还需要加上与盐类同浓度的生石灰做预防，作为处理用的叶片以新嫩的为好。

（2）土壤施肥诊断

根据对作物形态症状的初步判断，设置被怀疑的一种或几种主要导致症状形成的元素肥料做处理，把肥料施于作物根际土壤，以不施为对照，观察作物反应做出判断。除易被土壤固定而不易见效的元素如铁之外，大部分元素都适用，注意所用肥料必须是水溶速效的，并兑水近根浇施，以促其尽快吸收。

如果为探测土壤可能缺乏某种或几种元素，可采用抽减试验。即在完全肥料试验方案基础上根据需要检测的元素，设置不加（抽减）待检元素的处理，如果同时检验几种元素时，则设置相应数量的处理，每一处理抽减一种元素，另外加设一个不施任何肥料的空白处理，例如，为验证或预测土壤钾素供应状况。可以设置如下三个处理：①完全肥料；②不施钾区；③不施肥区。结果以不施某元素处理与施完全肥料处理比较，减产达显著水准，表明缺乏，减产程度可说明缺乏程度。

施肥诊断的结果是作物生长因素的综合反映，比其他诊断方法更可靠，是检验其他各种诊断手段所得结果的基本方法。缺点是需要一定的时间。

3. 物理化学诊断

（1）离子选择性电极诊断

这种方法所采用的仪器是以电势法测量溶液中某一特定离子活度的指示电极。它同 pH 玻璃电极一样，是一种直接测量分析组分的新工具。我国目前使用的有钠、钾、铵、钙、硝酸根、氯等离子选择性电极。它的优点是简便快速、不受有色溶液的干扰、测定范围大、精度高、被测离子和干扰离子一般不需要分离。

（2）电子探针诊断

电子探针是一种新型电子扫描显微装置，具有面扫描、线扫描或点分析的功能。用于元素微区分析如确定元素种类、含量、分布，能取得分析样本的组织结构与元素间的原位关系，可用以判断农作物营养状况。电子探针诊断分析灵敏度极高，在农作物营养诊断中用来解决一般化学分析，无法解决的问题，如：元素的定位问题，研究元素缺乏或过剩以及病理病引起的病斑组织的元素分布特征，可为区分生理病、病理病以及元素的缺乏或过剩提供依据。

（3）显微结构诊断

借助显微技术观察作物解剖结构的变化，用以判断农作物营养状况的方法。营养元素失调所引起的形态症状，必然与其内部细胞的显微解剖结构紧密联系，如：农作物缺钾，在茎秆节间横切面可见形成层减少，木质部厚壁细胞明显变薄，导致机械强度差，是缺钾容易倒伏的内在原因。缺钾植物叶片表皮角质层发育不良，电镜显示纹理不清，是缺钾植株某些抗逆性（如：抗病虫害性差、易失水等）差的形态学原因。农作物缺铜的典型显微结构变化为细胞壁的木质化程度削弱，细胞壁变薄而非木质化，从而使幼叶畸形、嫩茎及嫩枝扭曲，故木质化程度可作为缺铜的指标。作物缺硼，分生组织退化，形成层和薄壁细胞分裂不正常，木质部和韧皮部的形成过程受阻，输导组织坏死，维管束不发达，薄壁细胞异常增殖、破裂、排列混乱；叶绿体和线粒体形成数量减少，内部结构改变；花丝细胞伸长、排列不齐，细胞间隙加大，花药内圈气孔少，花粉壁不易消失，特别是绒毡层延迟消失而膨大，花粉粒不充实，或者下陷、空瘪等。这些与缺硼植株的生长点死亡，叶片褪色、变厚，枝条、叶柄变粗，环带突起以及繁殖器官受损等外部症状一致。由于显微结构诊断所采用的光镜观察技术，步骤烦琐，耗时太多，电镜观察要求设备昂贵，应用不多，一般只作为诊断的一种辅助方法。

三、肥料产量效应的经济分析

（一）肥料产量效应的阶段性

肥料产量效应反映在边际产量、总产量和平均增产量的变化上。"S"形肥料效应曲线反映肥料产量效应的三个阶段，其效应函数为：

$$Y = b_0 + b_1x + b_2x^2 + b_3x^3 \quad （7-13）$$

1.边际产量的变化

$$dy/dx = b_1 + 2b_2x + 3b_3x^2 \quad （7-14）$$

此式表明边际产量曲线呈二次抛物线形式，起始时边际产量随施肥量的增加而递减。当 $x = -b_2 / 3b_3$ 时，边际产量达到最高，此点即为转向点，超过转向点，边际产量随施肥量的增加而递减，当边际产量递减为零时，总产量曲线达到最高，此后，边际产量变为负值。

2. 总产量的变化

起始时，随着边际产量的递增，总产量按递增率增加，总产量曲线呈凹形；超过转向点后，边际产量递减，总产量按一定的渐减率增加，至最高产量点时为止，因而总产量曲线呈凸形。超过最高产量点后，总产量开始减少。

3. 平均增产量的变化

其数学式为：

$$(y - b_0)/(b_1 x + b_2 x^2 + b_3 x^3)/x \quad （7-15）$$

起始时，随着边际产量的递增，平均增产量也相应地增加；超过转向点后，边际产量开始减少，但仍大于平均增产量，因而平均增产量仍然继续增加，至边际产量等于平均增产量时，则达到平均增产量的最高点。

4. 肥料增产效应的三个阶段

第一阶段：开始—产量的最高点，在此阶段，边际产量随施肥量的增加而递增，至转向点达到最大值，超过转向点则开始递减，但仍然大于平均增产量，因而，平均增产量随施肥量的增加而递增，至最高点时为止，此时边际产量等于平均增产量。此阶段单位量肥料的平均增产效应不断提高，到达此阶段的终点达到最大值。

第二阶段：从平均产量的最高点至最高产量点。在此阶段，平均增产量与边际产量均随施肥量的增加而递减，但边际产量的递减率较大，平均增产量大于边际产量，总产量按渐减率增加，至边际产量等于零，即达到最高产量点为止。

第三阶段：从最高产量点以后为第三肥料效应阶段，此阶段边际产量为负值，总产量随施肥量的增加而减少，出现负效益。

第一阶段肥料的增产效应正在不断提高，平均增产量随施肥量的增加而递增，如果将施肥量停留在此阶段的任何点，都不能充分发挥肥料的增产效应。因此，为了充分发挥肥料的增产效应，施肥量至少达到第二阶段的起点，即平均增产量的最高点。此时，单位量肥料的增产量最高，肥料投资的增产效益最大。到达第三阶段后，增施肥料导致减产。因此，任何时候施肥量都不应超过第二阶段的终点，即最高产量点。由此可见第一、第三阶段均为不合理施肥阶段。在第二阶段，边际产量为大于零的正值，故此阶段通常成为施肥的技术合理阶段。

（二）合理施肥的经济界限

1. 边际产值、边际成本、边际利润

边际产值或边际收益是指增施单位草肥料所增加的总增产值，即总增产值曲线上某点的斜率。$dy/dx \times py$，py 为产品的价格。边际成本是增投单位量肥料的成本即肥料的价格。当施肥量增加时，边际产值下降，但边际成本即肥料的价格不变。边际利润是增加单位肥料成本所增加的施肥利润。

2. 经济最佳施肥量的确定

经济最佳施肥量是指在单位面积上获得最大施肥利润（总增产值与肥料总成本之差）的施肥量。在肥料效应的第二阶段肥料效应的变化符合报酬递减律，随施肥量的增加边际产量递减。因此，随施肥量的增肥料的经济效益依次出现下列三种情况：

$$\Delta y \cdot p_y > \Delta x p_x \quad （7-16）$$

$$\Delta y \cdot p_y = \Delta x p_x \quad （7-17）$$

$$\Delta y \cdot p_y < \Delta x p_x \quad （7-18）$$

第一阶段：增施肥料的增产值（$\Delta y p_y$）大于肥料成本（$\Delta x p_x$），即边际产值大于边际成本（$dy/dx \ p_y > p_x$），边际利润大于零，增施肥料可增加利润，但递增等量肥料的增产值却依次下降，单位面积的施肥利润依渐减率增加。

第二阶段：增施肥料的增产值与肥料成本相同，即边际产值等于边际成本（$dy/dx \ p_y = p_x$），边际利润等于零，此时增施肥料已不能增加施肥利润，单位面积的施肥利润达到最大值，此时的施肥量即为经济最佳施肥量。

第三阶段：增施肥料的增产值小于施肥成本（$dy/dx \ p_y < p_x$），边际利润小于零，经济效益出现负值，单位面积的施肥利润开始下降。因此，为了获得最大经济效益，施肥量应以第二阶段为经济最佳施肥点，低于此点，施肥利润相对较低，超过此限，增加施肥量反而减少利润。

3. 最大利润率施肥量的确定

$$利润率(\pi/I) = (\Delta y \cdot p_y - 1)/I \quad （7-19）$$

即投入单位量肥料成本所获得的平均利润。式中：π 为施肥利润；I 为肥料成本；Δy 为增产量。

四、经济合理施肥量的确定

经济合理施肥量是以获得最大经济效益为原则，在肥料资金充足条件下，应当充分发挥土地的增产潜力，提高单位面积的施肥利润，增加总收益，施肥量应以经济最佳施肥量为上限，此时，单位面积的施肥利润最大。在资金不足时，施肥量较低，土地的增产潜力难以充分发挥，此时应以提高有限量肥料的投资利润为原则，施肥量应以最大利润施肥量为下限。在施肥量处于最大利润率和经济最佳施肥量之间时，对于肥料效应不同的田块之间肥料的分配、二元以上肥料养分的配比均以获得最大投资利润为原则。

当边际产量等于肥料与产品的价格比，边际产值等于边际成本，边际利润等于 0 时，单位面积的施肥利润最大，此时投资的利润相对较低。

在农业生产中，为了避免自然灾害的风险，保证投资获得较稳定的收入，常常不用经济最佳施肥量这样高的用量，而选用边际利润值 $R > 0$ 的施肥量。R 值的大小，根据肥料投资的数量、肥效的稳定性以及最优投资的选择而定。边际产量与边际利润的关系式为：

$$dy / d_x = p_y / p_x(R+1) \quad （7-20）$$

单元肥料效应经济合理施肥量的确定：

$$y = b_0 + b_1 x + b_2 x^2 \quad （7-21）$$
$$dy / dx = b_1 + 2b_{2x} = p_x / p_y(R+1) \quad （7-22）$$

经济合理施肥量：

$$x = p_x / p_y(R+1) - b_1 / 2b_2 \quad （7-23）$$

第八章 农作物施药技术的应用

第一节 施药前的准备工作

一、农药的配制

除少数可以直接使用的农药制剂外，一般农药在使用前都要经过配制才能施用。农药的配制就是把商品农药配制成可以施用的状态。例如，乳油、可湿性粉剂等本身不能直接施用，必须兑水稀释成所需要浓度的药液才能喷施；或与细土（砂）拌匀成毒土撒施。

配制农药一般要经过农药和配料取用量的计算、量取、混合几个步骤。正确地配制农药是安全、合理使用农药的一个重要环节。

（一）准确计算农药和配料的取用量

农药制剂取用量要根据其制剂有效成分的百分含量、单位面积的有效成分用量和施药面积来计算。商品农药的标签和说明书中一般均标明了制剂的用量或稀释倍数。所以，要准确计算农药制剂和配料取用量，首先要仔细、认真阅读农药标签和说明书。

配制农药通常用水来稀释，兑水量要根据农药制剂、有效成分含量、施药器械和植株大小而定，除非十分有经验，一般应按照农药标签上的要求或请教农业技术人员，切不要自作主张，以免兑水过多，浓度过低，达不到防治效果；或兑水过少，浓度过高，对作物产生药害，尤其用量少、活性高的除草剂应特别注意。

（二）安全、准确地配制农药

计算出药剂取用量和配料用量后，要严格按照需要的量来量取或称取。液体药要用有刻度的量具，固体药要用秤称量。量取好药和配料后，要在专用的容器里混匀。混匀时，要用工具搅拌，不得用手。由于配制农药时接触的是农药制剂，有些制剂有效成分相当高，引起中毒的危险性大，所以，在配制时要特别注意安全。为了准确、安全地进行农药配制，应注意以下几点：

①不能用瓶盖倒药或用饮水桶配药；不能用手伸入药液或粉剂中搅拌。②在开启农药

包装、称量配制时，操作人员应戴手套等防护器具。③配制人员必须掌握必要技术和熟悉所用农药性能。④孕妇、哺乳期妇女不能参与配药和施药。⑤配制农药应在远离住宅区、牲畜栏和水源的场所进行，药剂随配随用。开装后余下的农药应封闭在原包装内，不得转移到其他包装中。⑥配药器械一般要求专用，每次用后要洗净。不得在井边冲洗。⑦少数剩余和不要的农药应埋入地坑中。⑧处理粉剂和可湿性粉剂时要小心，以防止粉尘飞扬。如果要倒完整袋可湿性粉剂，应将口袋开口处尽量接近水面，站在上风处，让粉尘随风吹走。⑨喷雾器不要装水太满，以免药液泄漏，当天配好的药剂当天用完。

二、作业参数的计算

（一）确定施药液量

根据作物种类、生长期和病虫害的种类，确定采用常量喷雾还是低量喷雾和施药液量，并选择适宜喷孔的喷孔片，决定垫圈数量。空心圆锥雾喷头的 1.3 ~ 1.6 毫米孔径喷片适合常量喷雾，亩施药量在 40 升以上；0.7 毫米孔径喷片适宜低容量喷雾，亩施药量可降至 10 升左右。

（二）计算行走速度

应根据风力确定有效喷幅，并测出喷头流量。校核施药液量首先要准确掌握喷头流量。喷头流量多少是由喷片孔径和喷雾压力大小决定的，因此，在选择好喷片后，要实测其在喷雾压力下的药液流量，以便准确掌握每亩施药量。

流量的测定方法是：将喷雾器装上清水，按喷药时的方法打气和喷药，用量杯接取喷出的清水，计算每分钟喷出多少毫升药液，然后根据下列公式计算出作业时的行走速度：

$$V = \frac{Q}{qB} \times 10^2 \quad （8-1）$$

式中：V——行走速度（米 / 秒）；Q——喷头喷雾量（升 / 分钟）；q——农艺要求的田间施药液量（升 / 公顷）；B——喷雾幅宽（米）。

行走速度取值范围一般为 1 ~ 1.3 米 / 秒；水田为 0.7 米 / 秒左右。如果计算的行走速度过大或过小，可适当地改变喷头流量来调整。

（三）校核施药液量

使其误差率＜ 10%。

（四）用药量和加水量

算出作业田块需要的用药量和加水量。

三、安全防护措施

农药安全防护应针对农药中毒途径采取措施，防止农药通过可能接触的渠道进入人体，避免造成中毒事故。

（一）经皮毒性的防护措施

通过皮肤接触农药是最常见的农药中毒原因。如，不穿戴防护服或裸露上身施药，穿戴破损或被农药污染的工作服、手套、鞋袜等都容易使农药接触皮肤并通过皮肤进入人体，达到一定剂量即表现中毒现象。防止农药经皮中毒主要采用如下防护措施：①在农药的储运、配制、施药、清洗过程中，要穿戴必要的防护用具，尽量避免皮肤与农药接触。②田间施药前，要检查药械是否完好，以免施药过程中发生跑、冒、滴、漏现象。③施药时，人要站在上风处，实行作物隔行施药操作。④施药后，要及时更换工作服，及时清洗手、脸等暴露部分的皮肤和更换下来的衣物以及施药器械等。同时注意清洗后的废水不要污染河流、池塘等水系。⑤如果不慎将药剂沾在皮肤上，应立即停止作业，用肥皂水及大量清水（不要用热水）充分冲洗。但对敌百虫药剂的污染不要用肥皂，以免敌百虫遇碱性肥皂后转化为毒性更高的敌敌畏。由于敌百虫的水溶性大，所以，只用清水充分冲洗就可以了。⑥眼睛中不慎溅入了药液或药粉，必须立即用大量清水冲洗。

（二）吸入毒性的防护措施

农药吸入毒性主要是通过熏蒸、喷雾、喷粉时所产生的蒸汽、雾滴或粉粒被人呼吸道吸收引起的中毒现象。人体吸入农药后可造成鼻腔、气管、喉咙和肺组织受伤。一般粒径小于10纳米的雾滴、蒸汽或烟雾微粒可侵入肺部，粒径在50～100纳米者可被吸入至上呼吸道。所以在密闭或相对密闭的空间里操作，要特别注意吸入农药引起的毒性，尤其在温室、仓库内使用烟雾剂及在通风不良情况下分装高挥发性农药时。防止吸入毒性的基本原则是减少或避免施药人员吸入农药，其防护措施也是围绕这一点而要求的。

①施药人员在农药烟、雾中操作时，应按农药标签的要求戴口罩或防毒面具。②顺风喷药，避免逆风喷药。③室内施药时，要保证有良好的通风条件。④农药容器都应封闭好，如有渗漏，应及时处理。⑤如不慎吸入农药或虽未察觉但身体感到不舒服时，应立即停止工作并转移至空气新鲜、流通处，除掉可能被污染的口罩及其他衣物，用肥皂和清水洗手、

脸，用洁净水漱口。⑥中毒症状严重者，立即送医院并携带引起中毒的农药标签。

（三）经口毒性的防护措施

经口毒性是农药经过消化道（包括口腔、肠、胃）吸收引起的中毒症状。经口毒性一般要比经皮毒性大。引起经口中毒的情况很多，如：接触农药后，未洗手、脸，就抽烟、吃饭、喝水；喷雾器喷头堵塞时用嘴吹；误食农药处理过的种子；误用盛过农药的容器；食用刚施过农药的蔬菜、水果等食品。经口毒性防护的原则是把好毒从口入关，杜绝农药通过口腔进入消化系统。

①施药人员操作农药时要严禁进食、喝水或抽烟。②施药后，吃东西前要洗手、洗脸。③不要用嘴吹堵塞了的喷头。④不要将杀鼠剂的诱饵和拌过药的种子与粮食、饲料混在一起，以免误食。⑤被污染的粮食不得食用或喂牲畜。⑥剧毒农药不得用于果树、蔬菜、茶叶和中草药，农药中毒死亡的动物要深埋，严禁被食用或被贩卖。⑦严格执行《农药安全使用标准》和《农药合理使用准则》，确保农副产品中的农药残留量不超标。⑧对农副产品农药残留量实行监测制度，残留量超标者不得上市。⑨施用农药或清洗药械时，不要污染水源泉或池塘。⑩储存农药要有专用设施并有专人保管。

（四）个人防护措施

为了减少或避免农药中毒事故，严格执行各种防护措施是很重要的，其中加强个人防护是重要的一环，个人防护需要一些防护器具。防护器具分呼吸器官防护器具和皮肤防护器具两类。①呼吸器官防护器具。根据农药毒性、挥发性高低以及操作方法和地点选用防毒面具、防毒口罩、防微粒口罩。②皮肤防护器具。透气性工作服和橡胶围裙（或橡胶、聚苯乙烯膜防护服）、胶鞋、胶皮手套、防护眼镜。

第二节 农药的施用方法

一、喷雾法

用喷雾机具将液态农药喷洒成雾状分散体系的施药方法称为喷雾法，是防治农、林、牧有害生物的最重要施药方法之一，也可用于卫生消毒等。

（一）基本原理

1. 雾化原理

将液体分散到气体中形成雾状分散体系的过程称为雾化。雾化的实质是被分散液体在喷雾机具提供的外力作用下克服自身表面张力，实现比表面积的大幅度增加。雾化效果的好坏一般用雾滴大小表示。雾化是农药科学使用最为普遍的一种操作过程，通过雾化可以使施用药剂在靶体上达到很高或较高的分散度，从而保证药效的发挥。根据分散药液的原动力，农药的雾化主要有液力式雾化、气力式雾化（双流体雾化）、离心式雾化和静电场雾化四种，目前最常用的是前三种。

（1）液力式雾化

药液受压后通过特殊构造的喷头和喷嘴而分散成雾滴喷射出去的方法，这种喷头称作液力式喷头。其工作原理是药液受压后生成液膜，由于液体内部的不稳定性，液膜与空气发生撞击后破裂成为细小雾滴。液力式雾化法是高容量和中容量喷雾所采用的喷雾方法，是农药使用中最常用的方法，操作简便，雾滴粒径大，雾滴飘移少，适合于各类农药。

（2）气力式雾化

利用高速气流对药液的拉伸作用而使药液分散雾化的方法，因为空气和药液都是流体，因此也称为双流体雾化法。这种雾化原理能产生细而均匀的雾滴，在气流压力波动的情况下雾滴细度变化不大。手动吹雾器、常温烟雾机都是采用这种雾化原理。

（3）离心式雾化

利用圆盘（或圆杯）高速旋转时产生的离心力使药液以一定细度的液滴飞离圆盘边缘而成为雾滴，其雾化原理是药液在离心力的作用下脱离转盘边缘而延伸成为液丝，液丝断裂后形成细雾，所以此法称为液丝断裂法。这种雾化方法的雾滴细度取决于转盘的旋转速度和药液的滴加速度，转速越高、药液滴加速度越慢，则雾化越细。

2. 雾滴粒径

液体在气体中不连续的存在状态称为液滴。农药使用中，药液经过喷雾器械雾化部件的作用分散形成的液滴称为雾滴。从喷头喷出的农药雾滴并不是均匀一致的，而是有大有小，呈一定的分布。在一次喷雾中，有足够代表性的若干个雾滴的平均直径或中值直径称为雾滴粒径，通常用微米做单位。雾滴粒径是衡量药液雾化程度和比较各类喷头雾化质量的主要指标。因与喷头类型有关，故也是选用喷头的主要参数。雾滴群的粒径范围及其分布状况称为雾滴分布，也称为雾滴谱。雾滴分布的集中或分散状况，称为雾滴分布均匀度，用数量中径与体积中径比值表示。雾滴过小容易飘失，过大则容易滚落、流失，因此，雾滴分布中只有部分粒径合适的雾滴能发挥生物效果，称为有效雾滴。

（二）喷雾方法的分类

主要根据单位面积所施用的药液量以及喷雾方式来划分。喷雾方法根据施药液量可划分为高容量喷雾法、中容量喷雾法、低容量喷雾法、超低容量喷雾法和超超低容量喷雾法五种。实际上喷施药液量很难划分清楚，低容量以上的几种喷雾法的雾滴较粗或很粗，所以也统称为常量喷雾法。低容量以下的几种喷雾法的雾滴较细或很细，统称为细雾滴喷雾法。小容量喷雾的经济效益显著，具有单位面积用药量少、工效高、机械能消耗低且防治及时等特点，所以国内外喷施药液量均向低容量喷雾方向发展。但和常量喷雾相比也存在着缺点和不足之处，如：不宜用高毒农药；雾滴穿透性能差，对密植作物后期危害其基部的害虫不甚奏效；喷施具有选择性的除草剂时，如果飘移性强，往往会对邻近地块上的敏感作物造成飘移性药害等。

1. 常量喷雾技术

药液的雾化是靠机械来完成的，雾滴的大小与喷雾机性能有直接的关系。通过对药液施加压力，使其形成高压液流，再经过喷头中的狭小喷孔喷出，高速喷出的液流与静止的空气冲撞，药液被撞碎，形成细小的雾滴。药液受到的压力越大，喷孔片的孔径越小，则雾化程度越高，雾滴越小。应根据作物种类、生长期和病虫草害的种类选择适宜喷孔的喷片，决定垫圈数量。此外，利用喷杆式喷雾机喷洒化学除草剂、土壤处理剂和利用喷射式机动喷雾机对水稻、小麦等大面积农田和果树林木及枝叶繁茂的作物作业时也须采用常量喷雾法进行喷雾作业。常量喷雾法具有目标性强、穿透性好、农药覆盖性好、受环境因素影响较小等优点，但单位面积上施用药液量多、用水量大、农药利用率低、环境污染较大。

2. 低容量喷雾技术

若将喷片的孔径缩小为 0.7 毫米以下，就可进行低容量喷雾。或者利用高速气流把药液吹散成雾的方法也可进行低容量喷雾。低容量喷雾作业时，雾滴直径为 100 ~ 150 微米。由于雾滴较细，分布均匀，因而作为农药载体的水就能大大减少，施液量比常量喷雾要少得多，一般为 15 ~ 150 升 / 公顷。但比常规喷雾防治病虫害的效果好，生产率也高。低容量喷雾时可利用风力把雾滴分散、飘移、穿透、沉积在靶标上，也可将喷头对准靶标直接喷雾，而行走状态则是匀速连续行走，边走边喷，一般行走速度为 1 ~ 1.2 米 / 秒。低容量喷雾操作要求比常量喷雾要求严格得多，为此须注意以下几点：

（1）喷药时必须做到"三稳"

第一，行走速度要稳。走得过快，喷药不够；走得过慢，喷药过多，易造成浪费或药害。因此，施药人员须准确地控制行走速度，通常旱田行走速度为 1 ~ 1.2 米 / 秒，水田行走速度为 0.7 米 / 秒左右。第二，拿得稳。喷头距作物的高度和喷杆摆动大小要稳，否则会影响雾滴在作物上分布的均匀性。第三，压力稳。喷雾器的压力要稳，如压力变化了，就会影响药液流量和雾滴大小，也就影响喷雾质量。

（2）加药液要过滤

低容量喷雾采用的是小孔径喷头片，药液必须经过小于喷孔的滤网（喷头滤网的当量直径应小于喷孔直径的 0.4 ～ 0.5 倍）过滤，以防堵塞喷孔。

3. 超低容量喷雾技术

超低容量喷雾法就是以极少的施液量（一般 < 5 升 / 公顷），极细小的雾粒进行喷雾。所以雾粒在空中既有一定的悬浮时间，又能沉积到靶标生物上。从雾化原理来看，可通过四种方法实现，即旋转离心分散法、高速气流分散法、高液压分散法、热能分散法。其中，旋转离心式雾化出的雾滴，不仅可由旋转速度快慢控制雾滴大小，而且转速稳定可使雾滴大小比较均匀。对于不同的防治对象，最适合采用的雾滴大小也各不相同：对防治大田作物上的害虫喷药，用地面超低容量喷雾机具喷雾，要求最合适的雾滴范围为 40 ～ 90 微米，而用飞机超低容量喷雾则要求雾滴大小为 80 ～ 120 微米。对于蚊蛾等飞行虫害，最合适的雾滴范围为 10 ～ 30 微米，由于这样的雾滴能较长时间悬浮在空气中，加上昆虫在飞行时翅翼的迅速振动有助于雾滴在虫体各个方向附着，这种喷雾形式在虫害区域残留药量最少，对于防治蝗虫这样大面积的虫害，这种方法是非常有效的。由于超低容量喷雾是油质小雾滴，它比常量喷雾的水质雾滴在虫体表面上的沉积性好、附着力强、渗透性好，同时农药含量高的油质雾滴一般都比农药含量低的水质雾滴耐光、耐温、抗雨、不易挥发，因而其残效期长，所以药效高，而且具有工效高、节省用药、防治及时、不用水、防治费用低等优点。但超低容量喷雾也存在一定的缺点和局限性，这种施药方法受风力、风向和上升气流等气象因子影响很大，剧毒农药不能用，喷施技术要求比低量喷雾更加严格，如喷洒不慎，不仅影响药效，还有可能出现药害。超低容量喷雾作业应采用飘移累积性喷雾，利用风力把雾滴分散、飘移、穿透、沉积在靶标上。根据飘移喷雾的雾滴密度分布特点，距喷头近处雾滴密度高、远处密度低的特点，使药雾飘移少处有数次累积沉积，利于农药均匀分布。雾滴大小以质量中径 70 微米为宜，风速为 0.5 ～ 5 米 / 秒，应在早晚或夜间喷雾。

4. 超超低容量喷雾技术

超超低容量喷雾技术就是以微量的施液量（一般 < 3.5 升 / 公顷），极细小的雾粒进行喷雾。其作业要求和施药方法与超低量喷雾作业相同，但其技术要求比超低量喷雾作业更严格。

5. 有针对性的喷雾

把喷头对着靶标直接喷雾叫作有针对性的喷雾。此法喷出的雾流朝着预定方向运动，雾滴能较准确地落到靶标上，较少散落或飘移到空中或其他非靶标上，因而也称为定向喷雾法。

6.飘移喷雾

利用风力把雾滴分散、飘移、穿透、沉积在靶标上的喷雾方法称为飘移喷雾法。飘移喷雾法的雾滴按大小顺序沉降，距离喷头近处飘落的雾滴多而大，远处飘落的雾滴少而小。雾滴愈小，飘移愈远，据测定直径10微米的雾滴，飘移可达千米之远。而喷药时的工作幅宽不可能这么宽，每个工作幅宽内降落的雾滴是多个单程喷洒雾滴沉积累积的结果，所以飘移喷雾法又称飘移累积喷雾法。由于在一处有数次雾滴累积沉积，农药分布很均匀，这是该法的特点，也是优点。当手动喷雾器用小孔径喷片做低容量喷雾防治棉造桥虫、麦蚜以及水稻、蔬菜、花生等作物上部的病虫害时，可采用飘移性喷雾。超低量喷雾机在田间作业时也须采用飘移性喷雾法。

7.泡沫喷雾法

能将药液形成泡沫状雾流喷向靶标的喷雾方法叫作泡沫喷雾法。喷药前在药液中加入一种能强烈发泡的起泡剂，作业时由一种特制的喷头自动吸入空气使药液形成泡沫雾喷出。泡沫喷雾法的主要特点是泡沫雾流扩散范围窄，雾滴不易飘移，对邻近作物及环境的影响小，适用于需要控制雾滴扩散范围的场合，如间作套种作物、除草剂的行间喷雾、庭院花卉以及室内消毒等场合的喷雾。在喷药时，喷头应离作物顶部或行间地面一定距离（30～50厘米），顺风、顺行喷洒，风速超过3米/秒时应停止喷药。

二、喷粉法

喷粉法是利用鼓风机械所产生的气流把农药粉剂吹散后，再沉积到作物和防治对象上的施药方法。其主要特点是使用方便、工效高、不用水、在作物上的沉积分布性能好，在干旱、缺水地区更具有实际应用价值。喷粉法曾是农药使用的主要方法，但由于喷粉时飘翔的粉粒容易污染环境，使喷粉法的使用受到限制。在特殊的农田环境中，如：温室、大棚、果园以及水稻田等，喷粉法仍是较好的方法。

（一）粉尘法

粉尘法是喷粉法的一种特殊形式，就是在温室、大棚等封闭空间里喷撒具有一定细度和分散度的粉尘剂，使粉粒在空间扩散、飞翔、飘浮形成飘尘，并能在空间飘浮相当长的时间，因而能在作物株冠层很好地扩散、穿透，产生比较均匀的沉积分布。粉尘法施药喷撒的粉尘剂粉粒细度要求在10微米以下。粉尘法的优点是工效高、不用水、省工省时、农药有效利用率高、不增加棚室湿度、防治效果好。但不可在露地使用，也不宜在作物苗期使用。

（二）静电喷粉

静电喷粉是利用静电力帮助粉剂沉积的喷粉方法。进行静电喷粉时，通过喷头的高压静电给农药粉粒带上与其极性相同的电荷，又通过地面给作物上的害虫带上相反的异电荷，靠异性电荷相吸引力，使农药粉粒紧吸在害虫体上。静电喷粉的吸附能力是常规喷粉的 5 ~ 8 倍。静电喷粉受风力和空气湿度影响较大，应选择无风或晴天进行静电喷粉作业。

三、烟雾法

烟雾法是指把农药分散成为烟雾状态的各种施药技术的总称。实际上烟和雾是两种物态，但都已分散成为极细的颗粒或雾滴，肉眼已无法辨认出是颗粒还是雾滴。烟和雾的共同特征是粒度细，常在 0.0001 ~ 10 微米范围内，在空气扰动或有风的情况下，烟雾是很难沉积下来的。

（一）熏烟法

烟是悬浮在空气中极细的固体微粒，沉降缓慢，能在空气中自行扩散，在气流的扰动下能扩散到更大的空间和很远的距离。熏烟法是一种介于细喷雾法及喷烟法与熏蒸法之间的高效施药方法，它通过利用烟剂（烟雾片、烟雾筒等）农药产生的烟来防治有害生物。其特点是一方面可以产生很高的工效和效力，另一方面也可能污染环境；但在温室大棚等保护地密闭的环境条件下，不存在污染环境的问题，在温室大棚中应用越来越普遍。由于细小烟粒的运动特性，烟粒在温室大棚等保护地的密闭空间中悬浮时间长，飘翔距离远，烟粒可以深入沉积到蔬菜叶片背面、植株内部，药剂沉积分布均匀，病虫害防治效果好。在温室大棚采用熏烟法防治病虫害，具有省工、高效、不增加棚室内湿度等优点，但由于药剂在燃烧时发生热分解，不能把任意一种农药都拿来配制烟剂，那些热分解温度较低的农药就不适合配制烟剂。由于烟粒具有热致迁移现象，因此，应在傍晚或清晨植株叶片温度较低时燃放烟剂，避免在晴天中午阳光直射时燃放烟剂；阴雨天，可在全天任何时间燃放烟剂。由于烟剂容易流动，一旦棚室出现破洞，由于棚室内温度高于外界，棚室内就会产生流向外界的气流，这种情况下燃放烟剂，烟粒就会随着气流飘失到棚室外，影响药效。因此，燃放烟剂前，要仔细检查棚室是否严密，燃放烟剂后，要把棚室门窗关好。在温室大棚采用熏烟法过程中，烟剂发烟时产生的 CO、SO_2、NO_2、NO 等有害气体量超过植物的忍耐限度，则会引起植物药害事故。蔬菜受烟剂药害后，重者数小时即可表现症状，初期部分叶片萎蔫并略微下垂，尔后逐渐变褐，受害部位逐渐干枯，形成不规则的白色坏死斑，坏死斑块边缘明显，稍凹陷；受害重的叶片，其坏死斑块扩大相连后导致整个叶片枯黄死亡。因此，采用熏烟法后不能长时间密闭棚室，8～12小时后要进行通风换气，排出有害气体。

（二）烟雾法

利用专用的烟雾机把液体农药分散成为烟雾状态的施药方法称为烟雾法。烟雾的运动与烟的运动（见熏烟法）很相似，但烟雾基本上是球形微粒，而且微粒粒径比烟粒大，所以烟雾的扩散距离及其受气流的影响程度也比烟小。烟雾法必须采用专用的施药机具（烟雾机）。按照雾化原理，烟雾机又分为热烟雾法和常温烟雾法。

1.热烟雾法

热烟雾法利用特殊的雾化部件，依靠高温、高速气流的热能使油剂农药在烟花管内发生蒸发、裂化，分散成为烟雾状态的施药方法。水质农药不能采用此法，因为高温下水分会迅速蒸发掉，通常只有油质农药可以用，而且要求溶剂的沸点不能低，大量应用的是高沸点的矿物油溶液。热烟雾法具有雾滴细小的特点，雾滴直径一般在1～5微米，由于雾滴细小，穿透性好，适合在仓库、温室大棚和树林中使用。

2.常温烟雾法

常温烟雾法利用压缩空气的压力能使药液在常温下形成烟雾状微粒的农药使用方法。常温烟雾法所采用的专用机具称为常温烟雾机。其工作原理是药液在常温下被超音速气流的剪切作用形成微小雾滴。常温烟雾法对农药剂型没有特殊要求，油剂、水剂、乳剂及可湿性粉剂均可使用，其雾滴粒径一般为5～25微米，穿透能力强，适合于温室大棚和茶叶等郁闭作物的病虫害防治以及禽舍消毒等。

第三节 农药剂型与施药技术

农药是一类特殊的化学药物，农药原药大多数必须加工成不同的剂型才能方便使用。农药剂型的开发研究除了将农药原药经过加工后便于流通和使用，同时还能满足不同施药技术对农药分散体系的要求。农药剂型与施药技术间有着密切联系，相互依赖又相互促进。没有施药技术的要求，不可能研究开发出实用的农药剂型。农药剂型的研究发展，也促进了施药技术的发展，没有农药剂型做基础，很多施药技术也就不可能实现。

一、直接施用的农药剂型

这类农药剂型主要包括粉剂、颗粒剂、超低容量喷雾（油）剂等，使用前一般不须做什么处理，但要求特定的施药机械与施用方法。

（一）粉剂

喷粉法是最常用的粉剂施用方法，主要是利用气流把药剂吹散使粉粒飘扬在空气中，然后再利用粉粒的重力作用沉落到防治对象上起作用。粉剂的喷施一般需要专用的喷粉器具，以形成足够的风力克服粉粒的絮结。由于喷粉法喷施的粉粒在空气中具有很强的飘翔能力，操作者必须戴口罩和穿防护服，喷施时还必须严格注意气象条件。粉剂最好在无风或相对封闭的环境（温室大棚）中施用。

拌种法也是一种常用的粉剂施用方法，主要利用干燥的药粉在处理种子表面形成均匀黏附，从而对种子起到保护作用。拌种法一般要求使用专用拌种机，并在相应速度下拌种，以形成药剂与种子的均匀黏附。

粉剂做土壤处理使用可分为撒施和沟施等方法。采用撒施法，一般先用细干土将药粉稀释并结合土壤耕耘耙耪，以便于药剂与土壤混合均匀。采用沟施法，则要注意所用药剂与种子或作物的安全性。

粉剂一般不被水润湿，在水中很难分散和悬浮，所以不能加水喷雾使用。

（二）颗粒剂

由于粒度大，下落速度快，施用时受风影响小，可实现农药的针对性施用，如：土壤施药、水田施药及多种作物的心叶施药等。另外，由于制剂粒性化，可使高毒农药制剂低毒化，使颗粒剂可以采用直接撒施的方法施用。尽管如此，施用时仍须做好安全防护，尤其是用手直接施用时，必须戴手套并保持手掌干燥。

农药颗粒剂有效含量一般较低（10% 以下），有效成分毒性一般较高，所以颗粒剂不能泡水喷雾施用。一方面容易造成操作者中毒，达不到应有的防效；另一方面也不能发挥颗粒剂使用简单、针对性强的剂型优势，还造成经济上的浪费。

（三）超低容量喷雾（油）剂

主要以特殊的喷雾设备进行超低容量喷雾使用，一般具有较高的农药有效含量。目前为人所知的施用方法有地面超低容量喷雾、飞机超低容量喷雾和静电喷雾等。超低容量喷雾（油）剂配方中必须选用高沸点溶剂或加入抑蒸剂以避免细小雾滴挥发变小，必须采用专用的高质量的施药机具雾化以达到细小和均匀的雾滴。与其他超低容量喷雾（油）剂相比，静电油剂的配方中必须含有静电剂，施用时也必须使用静电喷雾机。

超低容量喷雾（油）剂中含有较多高沸点油质溶剂，不能做常量喷雾使用；一般不含或很少含乳化剂等表面活性剂成分，不能加水喷雾使用，以免对作物产生药害。

二、稀释后施用的农药剂型

这类农药剂型主要以加水稀释施用为主，包括乳油、可湿（溶）性粉剂、悬浮（乳）剂、水剂等。这类农药剂型的共同特点是：不管什么形态，使用前都必须加水稀释配制成药液，然后采用喷雾法施用。几乎所有农药原药都可以加工成喷雾剂型，而且根据剂型特点可适合于不同容量的喷雾方式。另外，这类制剂大多含有适宜的表面活性剂，配制药液时可以在水中较好分散和悬浮，施用后可以在靶体上形成润湿与黏着，这是其有效使用的基本前提。药液雾化并形成不同细度的雾滴喷洒到防治对象上，则主要取决于喷雾方法的选择和喷雾机具的性能。

（一）乳油

乳油的乳化受水质（如水的硬度）、水温影响较大，使用时最好先进行小量试配，乳化合格再按要求大量配制。乳油兑水形成的乳状液属热力学不稳定体系，乳液稳定性会随时间而发生变化，农药有效成分大多也容易水解。所以，配制药液须搅拌，药液配好要尽快用完，对于机动喷雾机喷雾，药液箱必须加装药液搅拌装置。

乳油大多使用挥发性较强的芳烃类有机溶剂，储运中必须密封，未用完的药剂也必须密闭保存，以免溶剂挥发，破坏了配方均衡而影响使用。另外，乳油一般不直接喷施，但可以加水稀释成不同浓度，以适用于不同容量的喷雾方式。

（二）可湿（溶）性粉剂

可湿性粉剂加水配成悬浮液可供喷雾使用，但由于可湿性粉剂的粒子一般较粗，药粒沉降较快，施用中更应该加强搅动，否则就会造成喷施的药液前后浓度不一致，影响药效。

可湿性粉剂的粉粒在高硬度水中可能会发生团聚现象，所以配制药液时必须考虑水质对可湿性粉剂悬浮性能的影响。可湿性粉剂为固态农药制剂，配制低容量喷雾药液时会显得黏度太大而不能有效喷雾，所以可湿性粉剂一般只做常量喷雾使用。另外，可湿性粉剂一般添加比粉剂更多的助剂和具有更高的有效含量，尽管二者外观相似，但干粉状态下可湿性粉剂粉粒的分散性较差，所以可湿性粉剂不能直接喷粉使用，储运或使用过程中也要注意防止吸潮，以免影响使用。

可溶性粉剂是在可湿性粉剂基础上发展起来的一种农药剂型，其农药原药必须溶于水，在形态和使用上与可湿性粉剂类似。

（三）悬浮（乳）剂

悬浮（乳）剂的使用与乳油和可湿性粉剂类似，皆是加水稀释形成均匀分散和悬浮的乳状液，供喷雾使用，使用中的操作要求也与乳油和可湿性粉剂相似。但悬浮（乳）剂以水为分散相，可与水任意比例均匀混合分散，使用时受水质和水温的影响较小，使用方便且不污染环境，是比较理想的稀释后使用的农药剂型。

悬浮（乳）剂储运过程中易分层或沉淀。所以，悬浮（乳）剂使用时必须进行外观检验，如有分层或沉淀经摇动可恢复，加水分散和悬浮合格，则仍可正常使用。

（四）水剂

由于农药原药在水中溶解性很好而且稳定，所以药液配制时一般不会遇到什么问题。但是，由于我国水剂的加工一般不添加润湿助剂，喷洒后的药液对防治靶标润湿性差，容易造成药液流失，影响防效并污染环境，所以，水剂的使用应根据实际使用情况适当添加润湿助剂。

三、特殊用法的农药剂型

（一）烟剂

烟剂的施用基本上不需要任何机械，而且农药有效成分以气体状态发挥作用，穿透性强，特别适合于相对密闭体系（如保护地）和野外不能喷洒农药的场所（如森林）。但在气流相对运动较大时，应避免施用烟剂，以免农药有效成分飘失。另外，烟或雾在较低温度条件下（如低温冷库）扩散能力减弱，所以烟剂在低温环境施用，要考虑烟或雾的扩散能力与施用空间的矛盾，以免影响药效。

烟剂中由于同时含有燃料和氧化剂成分，遇外部高温或热源辐射，内部热量积累达到其燃点时容易发生自燃而引发事故，所以储运时要特别注意。

（二）种衣剂

种衣剂的使用主要依靠配方中所含的黏结剂或成膜剂使药肥等有效物质包覆在种子表面形成比较稳定和牢固的膜，播种后药肥膜逐渐溶散在土壤中形成局部小环境，保护或促进种子的生长与发育。目前，我国常用的种衣剂大多为悬浮（乳）剂形式，储运过程中也同样存在制剂稳定性问题，而且种衣剂种类和型号很多，与种子之间的选择性或专用性很强，这是使用中必须首先注意的问题。

种衣剂为专供种子包衣配制，一般不做其他用途，施用时比较适宜于在种子公司采用专用种子包衣机械对种子进行成批处理。种子包衣要求均匀、牢固不脱落，包衣后的种子必须在规定的条件储存并在规定时间内使用。另外，种衣剂不能依靠加大使用剂量来延长其持效期。

第四节 农药的作用方式与施药技术

农药到达作用部位的途径和对有害生物靶标（害虫、病原菌、杂草等）发挥生物效果的方式，称为农药的作用方式。农药的作用方式有多种，只有掌握了每一种农药的作用方式，才能做到对症下药，科学使用。

一、杀虫剂

杀虫剂要对有害害虫发挥杀虫作用，首先要求以一定的方式侵入虫体，到达作用部位，然后才是如何在害虫体内靶标部位起作用，这种杀虫剂侵入害虫体内并到达作用部位的途径和方法称为杀虫剂的作用方式。常规杀虫剂的作用方式有胃毒、触杀、熏蒸三种，对于无机杀虫剂和植物性杀虫剂，一种药剂通常只有一种作用方式；对于有机合成杀虫剂，除了以上三种作用方式，还有内吸作用，并且一种药剂通常兼有多种作用方式，如毒死蜱对害虫具有胃毒、触杀和较强的熏蒸作用。特异性杀虫剂的作用方式有引诱、忌避与拒食、不育、调节生长发育等多种。

（一）触杀作用

药剂通过害虫表皮接触进入体内发挥作用使害虫中毒死亡，这种作用方式称为接触杀虫作用，简称触杀作用。具有触杀作用的杀虫剂称触杀剂，这是现代杀虫剂中最常见的作用方式，大多数拟除虫菊酯类及很多有机磷类、氨基甲酸醋类杀虫剂品种都有很好的触杀作用。触杀作用杀虫剂在使用时都要求药剂在靶体表面（害虫体壁和农作物叶片等）有均匀的沉积分布。研究表明，农药喷雾时害虫对细雾滴的捕获能力优于粗雾滴，另外，细雾滴在靶体叶片上的沉积分布也均匀，因此，触杀杀虫剂喷雾作业时应该采用细雾喷洒态。生物靶标表面的不同结构也会影响其与农药雾滴的有效接触，因此，采用喷雾法时还应采取措施，使药液对靶体表面有良好的润湿性能和黏附性能。

（二）胃毒作用

药剂通过害虫口器摄入体内，经过消化系统发挥作用使虫体中毒死亡称胃毒作用。有胃毒作用的杀虫剂称胃毒剂。胃毒杀虫剂只能对具有咀嚼式口器的害虫发生作用。敌百虫是典型的胃毒剂，药液喷洒在甘蓝叶片上，菜青虫嚼食菜叶就把药剂吃进体内，中毒死亡。胃毒农药是随同作物一起被害虫嚼食而进入消化道的，由于害虫的口器很小，太粗而坚硬的农药颗粒不容易被害虫咬碎进入消化道；与植物体黏附不牢固的农药颗粒也不容易被害虫取食。胃毒杀虫剂在植物叶片上的沉积量及沉积的均匀度，与胃毒作用的效果相关。要充分发挥胃毒作用，从施药技术方面考虑，要求药剂在作物上有较高的沉积量和沉积密度，害虫只须取食很少一点作物就会中毒，作物遭受损失就比较小。

（三）内吸杀虫作用

药剂被植物吸收后能在植物体内发生传导而传送到植物体的其他部分发挥作用，这种作用方式称为内吸杀虫作用。内吸作用很强的杀虫剂称为内吸杀虫剂，如：乐果、克百威、吡虫啉等。内吸杀虫剂主要用于防治刺吸式口器的害虫，如：蚜虫、螨类、介壳虫、飞虱等，不宜用于防治非刺吸式口器的害虫。内吸作用可以通过叶部吸收、茎秆吸收和根部吸收等多种途径，所以，内吸药剂施药方式多样化。茎秆部吸收一般采取涂茎和茎秆包扎等施药方法，根部吸收则通过土壤药剂处理、根区施药以及灌根等施药方法，叶部的内吸作用则主要通过叶片施药方法。

（四）熏蒸作用

药剂以气体状态经害虫呼吸系统进入虫体，使害虫中毒死亡的作用方式，称为熏蒸杀虫作用。典型的熏蒸杀虫剂都具有很强的气化性，或常温下就是气体（如：溴甲烷、硫酰氟），熏蒸杀虫剂的使用通常采用熏蒸消毒法。由于药剂以气态形式进入害虫体内，因此，熏蒸消毒在施药技术方面有两个方面的要求：①必须密闭使用，防止药剂溢失，例如，溴甲烷土壤熏蒸消毒时需要在土壤表面覆盖塑料膜，磷化铝粮仓消毒时需要整个粮仓密闭等。②要求有较高的环境温度和湿度，较高的温度利于药剂在密闭空间扩散，对于土壤熏蒸，较高的温度、湿度还有利于增加有害生物的敏感性，增加熏蒸效果。熏蒸消毒实施过程中容易造成人员中毒事故，因此，需要受过专门培训的技术人员操作实施。

二、杀菌剂

杀菌剂对植物表现为保护作用和治疗作用两种作用方式，非内吸性杀菌剂多为保护作用，内吸性杀菌剂多表现为治疗作用。

（一）保护作用

病原菌浸染植物之前施用杀菌剂，由于植物表面上已经沉积了一层药剂，病原物就被控制而不能萌发、侵入，从而达到保护作物免受病原菌危害的目的，这种作用方式称为"保护性杀菌作用"，简称保护作用。具有这种作用的杀菌剂称为保护性杀菌剂。

保护性杀菌剂使用时要求在植物上黏着力强、持留期长，才能达到预期的目的。保护作用防治病害的施药途径有两种：一种是在病害浸染源施药，如处理带菌种子或发病中心；另一种是在病原菌未侵入之前在植物表面施药，阻止病原菌浸染。波尔多液、代森锰锌、百菌清等都是保护性杀菌剂。保护作用杀菌剂施药要求在病原菌浸染以前或浸染初期及时施药，施药要求药剂沉积分布均匀。露地施用保护性杀菌剂通常采用大容量喷雾法。温室、大棚等保护地施用保护性杀菌剂可以采用大容量喷雾法、低容量喷雾法、粉尘法、烟雾法等施药方法，根据种植作物、杀菌剂剂型、施药器械、气象条件选用。例如，常用保护性杀菌剂百菌清就有 75% 可湿性粉剂、5% 百菌清粉剂、20% 百菌清烟剂等剂型可供选用。

（二）治疗作用

在病原菌浸染植物或发病以后施用杀菌剂，抑制病菌的生长或致病过程，使植物病害停止发展或使植物恢复健康的作用。根据作用部位的不同，治疗作用又分为表面治疗、内部治疗及外部治疗。①杀菌剂只能杀死附着于植物和种子表面的病菌或抑制其生长，为表面治疗。②杀菌剂渗透到植物内部并传导到其他部位、抑制病菌的致病过程，称为内部治疗。大部分内吸杀菌剂都具有此种治疗作用，在实际病害防治中主要依赖此种作用。③将被病原菌浸染的树干或枝条刮去病部，然后用杀菌剂消毒，再涂上保护剂防止病菌再次浸染，这种方法称为外部治疗。

内吸治疗作用杀菌剂在使用上可以采用种子处理、土壤处理和叶面喷雾、喷粉等技术。内吸性杀菌剂多数具有保护和治疗的双重作用，治疗作用也要求杀菌剂与病原菌形成良好的接触，因此，在喷雾、喷粉过程中要求均匀的沉积分布并达到较高的沉积密度。

三、除草剂

（一）触杀除草作用

只能杀死杂草接触到除草剂的部位的作用方式，这种作用方式的除草剂称为触杀除草剂。触杀除草剂只能杀死杂草的地上部分，而对接触不到药剂的地下部分无效。因此，触杀除草剂只能防除由种子萌发的杂草，而不能有效防除多年生杂草的地下根、地下茎。例如，百草枯就是一种灭生性触杀除草剂，几乎任何植物的绿色部分接触到百草枯药剂都会受害干枯。

触杀除草剂可以采用喷雾法、涂抹法施药技术，施药过程中要求喷洒均匀，使所有杂草个体都能接触到药剂，才能收到好的防治效果。

（二）内吸输导除草作用

药剂施用于植物或土壤，通过植物的根、茎、叶吸收，并在植物体内输导，最终杀死植物。无论触杀作用和内吸作用，对施药技术都有如下要求：①药液对杂草叶片表面有良好的润湿能力，否则除草剂难以进入杂草体内，即使是触杀作用除草剂，如果不能渗入植物细胞，则不能表现杀草活性，因此，除草剂施用时通常需要加入表面活性剂。②喷雾过程中防止雾滴飘移引起的非靶标植物的药害，可以通过更换喷头、降低喷雾压力等措施减少细小雾滴的产生或采用防护罩等措施减少雾滴飘移。③喷雾均匀，避免重喷、漏喷，药剂在田间沉积量的变异系数不得大于20%，以保证防治效果、避免对后茬作物产生药害。

第五节　背负式手动喷雾器的施药技术

我国目前阶段农药施用技术仍然以手动喷雾技术为主，背负式手动喷雾器由于其结构简单，价格便宜，适合当前我国广大农村的购买力，是目前农村使用最多的一类喷雾器。背负式手动喷雾器约占整个植保机械国内市场份额的80%，担负着全国农作物病、虫、草害防治面积的70%以上。

一、机具的调整

背负式喷雾器装药前，应在喷雾器皮碗及摇杆转轴处，气室内置的喷雾器应在滑套及活塞处涂上适量的润滑油，并检查摇杆各连接处是否牢固可靠。压缩喷雾器使用前应检查并保证安全阀的阀芯运动灵活，排气孔畅通。根据操作者身材，调节好背带长度。药箱内装上适量清水并以每分钟 10～25 次的频率摇动摇杆，检查各密封处有无渗漏现象，喷头处雾型是否正常。

根据不同的作业要求，选择合适的喷射部件：喷除草剂、植物生长调节剂选用扇形雾喷头；喷杀虫剂、杀菌剂选用空心圆锥雾喷头。单喷头适用于作物生长前期或中后期进行各种定向针对性喷雾、飘移性喷雾。双喷头适用于作物中后期株顶定向喷雾。横杆式三喷头、四喷头适用于蔬菜、花卉及水田、旱田进行株顶定向喷雾。

二、施药技术

作业前先按操作规程，采用二次稀释法配制好药液。向药液桶内加注药液前，一定要将开关关闭，以免药液漏出，加注药液要用滤网过滤。药液不要超过桶壁上所示水位线位置。加注药液后，必须盖紧桶盖，以免作业时药液漏出。背负式喷雾器作业时，应先压动摇杆数次，使气室内的气压达到工作压力后再打开开关，边走边打气边喷雾。如压动摇杆感到沉重，就不能过分用力，以免气室爆炸。对于工农 –16 型喷雾器，一般走 2～3 步摇杆上下压动 1 次；每分钟压动摇杆 18～25 次即可。作业时，空气室中的药液超过安全水位时，应立即停止压动摇杆，以免气室爆裂。压缩喷雾器作业时，加药液不能超过规定的水位线，保证有足够的空间储存压缩空气，以便使喷雾压力稳定、均匀。没有安全阀的压缩喷雾器，一定要按产品使用说明书卜规定的打气次数打气（一般 30～40 次），禁止加长杠杆打气和两人合力打气，以免药液桶超压爆裂。压缩喷雾器使用过程中，药箱内压力会不断下降，当喷头雾化质量下降时，要暂停喷雾，重新打气充压，以保证良好的雾化质量。

针对不同的作物、病虫草害和农药选用正确的施药方法：①土壤处理喷洒除草剂。采用扇形雾喷头，操作时喷头离地高度、行走速度和路线应保持一致；也可用安装二喷头、三喷头的小喷杆喷雾。②行间喷洒除草剂，配置喷头防护罩，防止雾滴飘移造成的行间或邻近作物药害；喷洒时喷头高度保持一致，力求药剂沉积分布均匀。③喷洒触杀性杀虫剂防治栖息在作物叶背的害虫，应把喷头朝上，采用叶背定向喷雾法喷雾。④喷洒保护性杀菌剂，应在植物未被病原菌浸染前或浸染初期施药，要求雾滴在植物靶标上沉积分布均匀，并有一定的雾滴覆盖密度。应选用 1.0～1.3 毫米的空心圆锥雾喷片的喷头进行喷洒。⑤防治农作物病虫害。作物苗期应选用 0.7 毫米的小孔喷片；作物生长中后期，应选用 1.0～1.3 毫米孔径的喷片。⑥几架药械同时喷洒时，应采用梯形前进，下风侧的人先喷，以免人体接触药液。⑦当中途停止喷药时，应立即关闭截止阀，将喷头抬高，减少药液滴漏在作物和地面上。⑧作业时机具出现如下情况，应立即停止工作，排除故障后才能继续工作：背负式喷雾器出现连续摇动摇杆打不进药液或进液很少，摇动摇杆时药液顺着塞杆往唧筒帽漏，药液从截止阀、把手处流出或其他地方漏出，喷头堵塞，雾形变化，雾滴变大等现象；压缩喷雾器出现塞杆下压时感觉不到压力充不进气或感到费力，压盖顶冒水，喷雾时断时续，气雾同时喷出等现象。

三、机具作业后的保养

喷雾器每天使用结束后，应倒出桶内残余药液，加入少量清水继续喷洒干净，并用清水清洗各部分，然后打开开关，置于室内通风干燥处存放。铁制桶身的喷雾器，用清水清洗完后，应擦干桶内积水，然后打开开关，倒挂于室内干燥阴凉处存放。喷洒除草剂后，必须将喷雾器彻底清洗干净，以免喷洒其他农药时对作物产生药害。

第六节 安全合理的施药技术

施药技术是一门综合性技术。施药技术的高低，不仅取决于农药品种和剂型的发展，以及人们对病虫害发生变化规律和病虫生态习性的认识水平，还取决于施洒器械的性能、品种和制造水平的提高，以及农业生产管理水平的发展、环境要求的提高等。施药技术是科学使用农药的重要环节，是化学防治的技术关键。它是随着植保、农药、药械、环境等技术不断发展逐步被人们认识而重视起来的。施药技术未来的发展方向是以使用最少的农药剂量，均匀地喷洒于靶标，尽量减少向非靶区的流失与飘移为原则，科学、经济、高效地利用农药，以达到最佳的防治效果。

一、安全合理施药的原则

安全、合理地施药应遵循以下原则和要求：①根据农药毒性级别、施药方法和地点穿戴相应的防护用品。②工作人员施药时不准进食、饮水和抽烟。③施药时要注意天气情况，一般雨天、下雨前、大风天气、温过高时（30℃以上）不要喷药。雨天、下雨前喷药易被冲刷流失，影响效果。大风天气，喷药容易飘移，造成植物药害和人畜中毒事故。气温过高时，操作和防护不便，容易出现危险。④工作人员要始终处于上风向位置施药。⑤库房熏蒸，应设置"禁止入内""有毒"等标志，熏蒸库房内温度应低于35℃；熏蒸作业必须由两人以上轮流进行，并设专人监护。⑥农药拌种应在远离住宅区、水源、食品库、畜舍并且通风良好的场所进行，不得用手接触农药。⑦施用高毒农药，必须有两名以上操作人员；施药人员每日工作不超过 6 小时，连续施药不超过 3 天。⑧施药时，不允许非操作人员和家畜在施药区停留，凡施过药的区域，应设立警告标志。⑨临时在田间放置农药、浸药种子及施药器械，必须有人看管。⑩施药人员如有头痛、头昏、恶心、呕吐等中毒症状时，应立即离开现场急救治疗。

二、施药后的基本要求

农药安全施用后，为保证人、畜的安全和避免环境的污染，须注意以下几点：①剩余或不用的农药应分类贴上标签送回库房。②盛药器械应倒出剩余药，洗净后存入，一时不能处理的应保存在农药库房中，待统一处理。③应做好施药记录，内容包括：农药名称、防治对象、施药时间、地点、施药量、施药人员等。④施药人员用过的防护器具应及时清洗。⑤施药后的田块管理。施药的田块、作物、杂草上都附着一定量的农药，一般经 4 ~ 5 天基本消失。在农药毒性未消失前，进入田间劳动，会沾染农药引起中毒。因此，施药后的田块要设立明显的标志牌，在一定时间内禁止人、畜进入。稻田施药后要巡视田埂，防止水渗漏和溢出的药液污染水源，一般要求 3 天后放田水。稻田除草剂施用后，要保持 5 ~ 7 天不放水。

三、合理轮换和混用农药

生产实践证明，若长期使用某一种农药防治一种病、虫、草、鼠害，会很快产生抗药性。近几年单一使用"敌杀死"防治棉铃虫和棉蚜，就很快产生了抗药性。因此，必须轮换使用性质不相似的农药，以提高防治效果而延缓抗药性的产生。如果敌杀死与万灵或"有机磷类"轮换使用，就会达到这种目的。科学使用农药的原则，首先是要坚持做到"三准确"：①防治对象田要定准。根据"两查两定"结合防治指标来确定施药对象田。②施药时间要定准。即按病虫的发生量与发育进度选择病虫对农药最敏感（最容易杀死）的时期，及时施药。③农药品种和用药量要准确。选择当前最有效的农药品种，择优使用，并以有效低浓度来进行防治。同时注意合理的轮换、混用以及相适应的施药方法，达到提高防治效果、经济、安全的目的。

第七节 农药废弃物的安全处理

在农药储运、销售和使用中往往会出现农药废弃物。农药废弃物产生的来源有很多方面。这些废弃物如果不加强控制与管理，势必对人类的健康造成潜在的危害及环境污染。所以，农药废弃物的安全处理具有重要意义。

一、农药废弃物的来源

农药废弃物主要包括：由于贮藏时间过长或受环境条件的影响，变质、失效的农药；在非施用场所溢漏的农药以及用于处理溢漏农药的材料；农药废包装物，包括盛农药的瓶、桶、罐、袋等；施药后剩余的药液；农药污染物及清洗处理物等。

针对农药废弃物的产生来源，采取必要的方法进行防护和安全处理是保护环境及人、畜安全的有效措施。

二、农药废弃物处理的一般原则

首先要遵守有关的法律和管理法规、规章；不要将农药废弃物堆放时间太长再处理；如果对农药废弃物不确定，要征求有关农药管理人员或专家意见，妥善处理；进行废弃物处理时，要穿戴和农药适宜的保护服；不要在对人、畜、作物及其他植物的食品和水源有害处的地方处理农药废弃物；不要无选择地堆放和销毁农药。

三、农药废弃物的安全处理

农药废弃物的安全处理，必须采取有效的方法。

第一，被国家认定的农药质量检测技术部门确认的变质、失效及淘汰的农药应予销毁。高毒农药一般先经处理，尔后在具有防渗结构的沟槽中掩埋，要求远离住宅区和水源，并且设立"有毒"标志。低毒、中毒农药应掩埋于远离住宅区和水源的深坑中。凡是焚烧、销毁的农药应在专门的炉中进行处理。

第二，在非施用场所溢漏的农药要及时处理。在进行农药的作业时，为避免农药发生溢漏，作业人员应穿戴保护服（如：手套、靴子和护眼器具等）。如果作业中发生溢漏，则污染区要求由专人负责，以防儿童或动物靠近或接触；对于固态农药如粉剂和颗粒剂等，要用干砂或土掩盖并清扫于安全地方或施用区；对于液态农药，用锯屑、干土或粒状吸附物清理；如属高毒且量大时，应按照高毒农药处理方式进行；要注意不允许将清洗后的水倒入下水道、水沟或池塘等处。

第三，农药废包装物严禁作为他用，不能乱丢弃，要妥善处理。完好无损的可由销售部门或生产厂家统一回收。高毒农药的破损包装要按照高毒农药的处理方式进行处理。具体讲，金属罐和桶，要清洗、爆破，然后埋掉。在土坑中容器的顶层应距地面 50 厘米；玻璃容器，要打碎并埋起来；杀虫剂的包装纸板要焚烧；除草剂的包装纸板要埋掉；塑料容器要清洗、穿透并焚烧。焚烧时不要站在火焰产生的烟中，让小孩离开。此外，如果不能马上处理容器，则应把它们放在安全的地方。总之，应特别注意不要用盛过农药的容器装食物或饮料。

最后应指出，对于大量废弃农药的处理方法、处理场地应征得劳动、环保部门同意，并报上级主管部门备案。

参考文献

[1] 刘秀玲. 农作物配方施肥新技术 [M]. 石家庄：河北科学技术出版社，2017.

[2] 徐洪明，姜雪飞，沈志河. 农作物植保新技术 [M]. 北京：中国林业出版社，2017.

[3] 高丁石. 农作物病虫害防治技术 [M]. 北京：中国农业出版社，2017.

[4] 王亚静，王红彦，毕于运. 农作物秸秆肥料化利用技术 [M]. 北京：中国农业出版社，2018.

[5] 刘翠玲，郭振华，张琦. 农作物优质节本增效种植新技术 [M]. 北京：中国农业科学技术出版社，2018.

[6] 赵兴俊，孟金贵. 农作物栽培技术 [M]. 北京：中国商业出版社，2018.

[7] 罗亚芸. 农作物栽培技术 [M]. 兰州：甘肃科学技术出版社，2018.

[8] 刘桂丽. 农作物生产技术 [M]. 东营：石油大学出版社，2018.

[9] 赵欢庆. 主要农作物栽培新技术 [M]. 天津：天津科学技术出版社，2018.

[10] 刘涛，刘静，吴振美. 农作物秸秆与畜禽粪污资源化综合利用技术 [M]. 北京：中国农业科学技术出版社，2019.

[11] 张国良，王伟，强沥文. 农作物环境损害鉴定评估操作实务 [M]. 北京：中国标准出版社，2019.

[12] 熊波，张莉. 农作物秸秆综合利用技术及设备 [M]. 北京：中国农业科学技术出版社，2019.

[13] 张海清. 现代作物学实践指导 [M]. 长沙：湖南科学技术出版社，2019.

[14] 鲁传涛. 农作物病虫诊断与防治彩色图解 [M]. 北京：中国农业科学技术出版社，2020.

[15] 樊景胜. 农作物育种与栽培 [M]. 沈阳：辽宁大学出版社，2020.

[16] 赵广才，王艳杰. 漫话农作物 [M]. 北京：中国农业科学技术出版社，2020.

[17] 全国农业技术推广服务中心. 农作物病虫测报物联网 [M]. 北京：中国农业出版社，2020.

[18] 王长海，李霞，毕玉根. 农作物实用栽培技术 [M]. 北京：中国农业科学技术出版社，2021.

[19] 熊红利，张礼 . 农作物植保员 [M]. 北京：中国农业出版社，2021.

[20] 郭荣，朱景 . 一类农作物病虫害防控技术手册 [M]. 北京：中国农业出版社，2021.

[21] 高凤文 . 配方施肥技术 [M]. 北京：中国农业大学出版社，2021.